人生最美是淡然

王凡◎编著

廣東旅游出版社
GUANGDONG TRAVEL & TOURISM PRESS
悦读书·悦旅行·悦享人生
中国·广州

图书在版编目（CIP）数据

人生最美是淡然 / 王凡编著. — 广州：广东旅游出版社，2016.11（2024.8重印）

ISBN 978-7-5570-0601-3

Ⅰ. ①人… Ⅱ. ①王… Ⅲ. ①人生哲学－通俗读物 Ⅳ. ①B821-49

中国版本图书馆CIP数据核字（2016）第239366号

人生最美是淡然

REN SHENG ZUI MEI SHI DAN RAN

出 版 人 刘志松
责任编辑 梅哲坤
责任技编 冼志良
责任校对 李瑞苑

广东旅游出版社出版发行

地　　址 广东省广州市荔湾区沙面北街71号首、二层
邮　　编 510130
电　　话 020-87347732（总编室） 020-87348887（销售热线）
投稿邮箱 2026542779@qq.com
印　　刷 三河市腾飞印务有限公司
（地址：三河市黄土庄镇小石庄村）
开　　本 710毫米×1000毫米 1/16
印　　张 15
字　　数 216千
版　　次 2016年11月第1版
印　　次 2024年8月第2次印刷
定　　价 65.00元

卷首语

原来你非不快乐

拈一朵微笑的花，掬一捧淡然的水，轻轻走过寂寞繁华，淡然看落花。

每一天的天空都很蓝，每一天的阳光都很灿烂，走在路上，那种花草的芬芳，那种泥土的气息，都会让你感觉到心旷神怡。一种从心向外的暖渐渐地渗出，这个时候还有什么烦恼不能放下，还有什么能让你不快乐呢？

快乐有时就像在天上飞的风筝一样，虽然有时你看不见它，但线在你手中，它不会飞远，只要你愿意，快乐就会随时围绕着你，直到永远。拥有了一颗快乐的心，你就知道，快乐是无处不在的。快乐就是与伙伴朋友们分享一袋话梅、一支乐曲……但在N多的选择中，快乐就是一件简单事情：它就是奉献、享受生命和付出之后的收获。

在湛蓝的天空下，在幽幽的夜空里，在好多寂静的时光中，我们见证一场又一场的繁华，赶赴一场又一场的心灵盛宴，见证一次又一次繁华过后一次又一次的沉静。我们看到一场场的繁华散尽，如一朵又一朵落花在风里飞旋，飘落在漆黑的寂寂的夜空，又如一抹又一抹烟火划过黑夜，骤然消失在夜空的尽头。或许这就是人生吧，聚散终有定，归去终有期，又如爱情般，每一次触碰，推杯交盏，尽情啜饮心灵的玉液琼浆，醉了又醒，醒了又醉，浅醉，深醉，酩酊大醉，不醉不罢休。就在醉与不醉之间，明白了生命的情缘和聚散。

所以，不要再执着地坚持你的不快乐。这原本就是一种痴，醉了醒了终要上路。给自己的心灵放个假吧，去追求那些属于自己的幸福！

之后你，就会发现，原来我非不快乐，只我一直未发觉！

目录
contents

目录
contents

目录
contents

目录
contents

心灵的后花园，需要用心来灌溉

缘定三生，你是我的眼

佛说：前世五百次的回眸，才换来今世的擦身而过。

每一对真心相爱的人，都会珍惜这来之不易的缘分。在各自的眼中，对方就是全部。在彼此的世界里，抛弃了浮华，摒弃了名利，没有了地位之分，不用去理会世俗的流言。

在两个人的世界里，有的只是“执子之手，与子偕老”的感动，有的只是相濡以沫的温馨，有的只是“山无棱，天地合，乃敢与君绝”的誓言……

十年

“我能想到最浪漫的事，就是和你一起慢慢变老，一路上收藏点点滴滴的欢笑，留到以后坐着摇椅慢慢聊。”这一路的幸福和坎坷对彼此而言都不重要，重要的是这一路不管遇到什么情况，我们一起走过来了，风风雨雨过后，那一抹彩虹变成了永恒。

多年以前那个风雨交加的夜晚，她众叛亲离，跟着深爱的他到北京做了打工妹。贫穷的他落榜后除了生病的母亲、衰弱的父亲和那半间破瓦屋，就剩下她了。当初来北京打工的路费用的也是她做一个月民办老师的工资。她所受的苦都是为了今生能与他长相守。

或许，她的眼光不错，他是最棒的。十年后的今天，当她家所有的人松了一口气，原谅她没嫁错郎的时候，有了车、有了别墅的他却在直言不讳地对她说，他找到了自己心目中的知己，如果她愿意解除婚姻的话，财产、孩子都给她，否则他背叛她，不能有怨言。

我笑了，说三天后给你答复。

三天后，她开具了一张婚姻的清单给他过目:

1．婚姻十年，你穿旧了三套睡衣，穿坏了五双拖鞋，踏破了二十六双皮鞋。破的皮鞋最多，因为你在外面挣钱所花的时间多，所以会有“心灵知音”看上成功的你。

2．婚姻十年，我穿旧了十套睡衣、穿烂了十一双拖鞋、踏坏了十八双皮鞋。我破的拖鞋和皮鞋都多，是因为我照顾家和孩子的时间比你多，去外面和你并肩战斗的时间也不少，因此操劳的我成了没有新鲜感的“黄脸婆”。

3．婚姻十年，常青树的你有如潜力股升值了N倍，离婚后，从深圳排到北京那么多的美女等着“成功人士、成熟有品位”的你挑选。

4．婚姻十年，青春快逝的我贬值了一千倍。实话实说，离婚了我再婚的机会不到1％，年老的我看不上和我年龄相近的男人；而除非太差，一般的男人是不愿意娶一个带着孩子的中年女人的。

5．婚姻十年，繁忙的你只烧过三十三次饭给我吃。

6．婚姻十年，忙碌的我一年三百六十五天，一日三餐，做好饭给你吃。

7．婚姻十年，生一个孩子，我用了十个月，养、育、教了十年。

8．婚姻十年，生一个孩子，你用了十分钟，给了他一个姓。

9．婚姻十年，我和你父母和睦相处，没有一句高声的话语。

10．婚姻十年，你一直不肯原谅爱女心切的我的父母，没有叫过一声爸爸妈妈。贫穷时你说我爸爸妈妈不会应答你，你坚决不肯叫；有钱后说不再怕他们了而不叫。难道你愿意自己的女儿在能够选择的时候去选择贫穷吗？希望女儿富足，这是人之常情呀！

亲爱的，如果你看了上面的婚姻总结，能够用眼睛看着我说离婚的话，我成全你的心愿。你什么时间跟我说都可以，我答应和你离婚。

只是，从那一天开始，她等了他一年，她都没有再提离婚这件事。变得早回家、勤炒菜、会拖地的他不是将功赎罪吧？或许，因为，有良心的人居多，所以这世界上还是房子比监狱多！

妙语人生

十年之前，我不认识你，你不属于我。十年之后，你是我身边唯一的守候。十年的风雨让我们彼此有了更深一层的感动，十年的风雨让我们有了一生相伴的誓言。我们不会去计较彼此为对方付出了多少，只是因为我们相信为身边的这个人付出，值得！

错过了彼此的花期

“曾经有一份真挚的爱情摆在我面前，我没有珍惜。当失去的时候才后悔莫及……”

在感情的世界中，没有谁对谁错。树欲静而风不止，只是，错过了彼此的花期。

女人本来不疯，那年她才24岁，挺年轻的。有人说她相貌平平，不过有一个好的身材。女人在那年迷恋上了一个男人，男人也是24岁，看上去总有点忧郁的影子，而且这个男人非常有才华，是许多年轻女孩子心目中的白马王子。而这个女人恰好就和男人在一起上班工作，在吃完午饭休息的时间里，同事们喜欢热闹，就围在一起打牌，女人不喜欢也不会玩牌，但她总会给男人占一个位置，等男人吃完饭以后，然后将这个位置让给他。

可是男人从来没有注意过女人这些举动，和女人在一起还是像从来那样大大咧咧；而女人在平时的性格是非常善良体贴的，很少笑，但是和男人在一起她就会笑得非常开心。男人并没有在意女人，可在女人的心中，男人已经占据了无可替代的位置。

一天晚上，女人约男人出来一起散心，委婉地向这个自己心目中的爱人表白。男人表现得非常震惊，很快婉言谢绝了女人，男人说他爱的女人不爱他，他今后也不会再爱谁了，他心已死，从那时起他就没想过再谈女朋友，劝女人不要来找他。

女人整整哭了一夜，上班的时候也非常伤心地流泪，同事都觉得有点蹊跷，男人在那个时候也只会呆呆地坐着。几天过去，女人仍旧不停地哭。男人动了恻隐之心，看得出来女人是付出了真心的。终于在一天晚上，男人约女人出来，告诉她：如果她不介意他心中的那段过去，他愿意尝试接受她。女人开心地笑了，从来没有过的一脸的幸福。因为男人终于接受了她。

女人和男人恋爱很简单，一个月一起出去看一次电影，偶尔在外面吃顿饭，不过男人对她还是很漠然。最快乐的时候是男人和女人一起坐在河边的桥下，有一只牛瞪着眼看着他们，女人觉得好笑。男人住在单身宿舍，女人来帮男人洗衣服；男人病了，女人无微不至地照顾他。女人过生日的时候，男人忘了，女人说没关系；男人过生日，女人送给男人一条精致的领带。

第二年，女人和男人结婚了。家里的事女人打理得井井有条，男人回到家就有可口的饭菜，看完电视后就有热水洗澡，衣服女人也洗得干干净净。男人可以一心扑在事业上，那一年，男人升了部门经理，女人却消瘦了很多。

第三年，他们有了孩子。女人大着肚子的时候，弯下腰来洗衣服的时候比较困难，但每天还是坚持着。家里的事依旧由女人操持着。十个月后，女人难产，医生说因为胎位过高，要剖宫产。为了孩子，女人剖宫产下一名女婴，生下的时候七斤。男人的父母想抱孙子，看到生下的是个女孩，就再也没来看过女人。女人的月子没有人照顾，娘家人太远，一个月只能来一次，带些鸡、鱼之类的。孩子晚上吵，女人还要给孩子把尿，喂奶。男人不体贴女人，月子里女人还是洗衣服。女人的月子没过好，下腹经常疼痛，医生说落下了病根。

孩子很漂亮也很可爱，女人默默地看着孩子长大，心里有一种甜蜜的感觉。男人的漠然虽然让她伤心，可是她还是爱男人。因为他是她第一个也是最后一个男人。只是偶尔对男人有些抱怨，但过后女人就原谅了男人。

也许得到的永远不会珍惜，在那段日子里，男人几乎漠视了女人的存在。

女人看着女儿一天天长大，听女儿第一次叫妈妈，欢喜地告诉男人。女儿第一次走路，女人搀扶着……就这样，转眼，女儿长到六岁了，女人带着她去公园玩，出租车发生了交通事故，女人当时被撞晕过去了。等女人醒来，满脸是血，她第一个念头是孩子，孩子已是血肉模糊，送到医院，医生告诉她孩子已经死了。女人晕死过去。女人再次醒来的时候，口里喊着孩子的名字，男人伤心地坐在她身边，轻声地安慰着她，女人哭晕过去。

等女人再次醒来的时候，嘴里不停地喃喃自语，医生说女人疯了。

为了照顾女人，男人辞去了工作，找了一份临时的工作，一天只要上几小时的班，他不在的时候叫邻居代为照顾，女人嘴里依旧喃喃地喊着女儿的名字，抱着枕头笑。看着别人的小孩就追，说那是她的孩子。男人只能把女人锁在家里。女人一会儿笑，一会儿哭的。可当她看到孩子照片的时候，女人就开始平静下来，用手轻轻地摸着照片上孩子的脸，微笑着，眼睛里露出慈祥的目光。

时间就这么慢慢地过着，女人有的时候半夜里突然叫着孩子的名字，有的时候又乖得像个孩子似的。整个小区都知道了他们的事，有的人同情，有的人怜惜，还有的人只是看着笑话。男人本来有份很好的前途。可是，疯妻断送了他的一切，他恨面前的女人。男人开始酗酒，他每每都喝得酩酊大醉，他的脾气开始暴躁。

女人潜意识地发觉了男人的变化。男人吸烟很凶，女人就趁男人不注意的时候把烟藏起来。男人没看到烟，就问女人。女人嘿嘿地傻笑。男人喝道："疯婆娘，你要是不把烟给我找出来，我打死你。"男人做了个恶狠狠的打的动作。女人显然受到惊吓，蜷缩在角落里发抖。男人一把揪住女人："你听到了没有，快点找出来！"女人哆嗦着从床底下把烟拿了出来。男人一把夺过烟，凶道：“下次你再藏我的烟，我打死你。”女人看着朝夕相处的男人，泪眼婆娑而下。

男人出去的时候，女人还是习惯性地洗衣服，总是把孩子干净的衣服拿出来洗，她觉得孩子的衣服脏了，要洗干净。男人的衣服，女人的衣服，还有孩子的衣服，用鼻子闻着衣服，女人傻笑着。

女人病了，医生说她活不了多长时间。男人抽着烟望着痛苦的妻子，他无助的眼神透露着哀伤。妻子依旧疯着，只是比以前容易累，闹不多时就睡着了。睡下的时候有泪水在脸颊上流淌。为了救疯妻的命，男人卖掉了所有能变卖的东西，最后不得不把房子卖掉，以维持女人的生命，延续着女人最后一口气。

女人痛苦地看着男人，手指着喉咙说不出话来，拼命地喘着气，颤抖地告诉男人她喘不上气来，她很痛苦。女人的哀伤让男人心如刀割，他从来没有可怜过女人，可是今天男人流着泪告诉女人他没有办法，真的。他告诉她能做的他都做了，而女人仿佛知道自己要死了，于是不再比画，只是费力地喘着气，泪水像断了线的珍珠。

女人是在第二天凌晨时分去世的，那时候男人睡着了，当男人醒过来的时候，女人依偎在男人的怀里死去了，脸上残留着泪水。男人发现床前放了封信，上面写着：

亲爱的丈夫（亲启）

落款竟是女人的名字！

男人急迫地拆开信，女人清晰的字体映入眼帘。她流着泪为自己的丈夫写下一些字。

亲爱的丈夫：

流着泪给你写下这些文字，我知道我快不行了，今夜我突然依稀清醒过来，也许是回光返照，也许是上天怜惜我，给我最后一个机会向你告别。我依然记得我们的孩子，记得她叫妈妈的那一刻，你知道吗？那一刻我竟然流泪。我依稀记得那张血肉模糊的脸，为什么上天对她那么残忍，对我那么残忍。她一定在地下很孤独，没有人照顾，她在等我，我要去陪她，照顾她。

亲爱的丈夫，谢谢你给了我一个家，给了我一个孩子，让我完成了一个女人的路程。虽然一直以来你没有说过一句我爱你，可是我是爱你的，自始至终，我都爱着你。我陪着你走过的日子也很苦，你没有好好地体贴我，爱护我。我以为我会等到那一天，等到你说爱我的那一天，可是我等不到了。亲爱的丈夫，你是我第一个也是最后的一个男人。当我离开这个世界，你将成为我永远的男人。

亲爱的丈夫，谢谢你为我做的一切，是我拖累了你，对不起，我走了，你好好照顾自己。记得常换衣服，少抽烟喝酒，那对身体不好的。我走了，对不起，我没有能够陪你度过最后的时光。

亲爱的丈夫，我最后在你的脸上轻轻地吻着，那是深情而又长时间的吻。让苦了多年的泪在此刻迸发。我走了，我会在地下好好照顾我们的孩子，你放心。

你永远的爱人

男人号啕大哭，生平第一次哭得那么地心碎，他把妻子紧紧地拥入怀中。回想起过去女人所承受的种种委屈，回想着女人平时的无微不至，泪水不由自主地落在女人苍白而又消瘦的脸颊……

男人把女人与孩子葬在一起。在女人的墓前跪了许久，他已经哭干了自己的眼泪，他抚摸着妻子的墓碑说：“我的老婆。你知道吗？直到现在我才发现我是多么地爱你。我爱你，真的，非常爱，可是我却再也见不到你了，过去是我对不起你，现在想起来真的很后悔。如今我才发现我是多么的自私，今生欠你的一切，让我来生再偿还你，如果下辈子你还爱着我。老婆，我爱你，你听得到吗？我爱你啊……”男人的脸贴着女人的墓碑哭泣着。

女人再也没机会听到了，如果还有下辈子，请让我好好地报答你，爱你一辈子，好吗？

妙语人生

幸福就在当下——窗外有蓝天，多美的日子！窗外有阴天，多美的日子！窗外有雨天，多美的日子！每天早上醒来，看见你和阳光都在，那是多美的日子！

风花雪月，花前月下的生活只是一个美丽而忧伤的梦。两个真心相爱的人，在平淡的岁月中能够找到属于最初的美好，能够在每天的生活中感受到点点滴滴的感动。彼此用一颗感恩的心来对待生活，就会发现，其实很幸福！

三毛与荷西

“让流浪的足迹在荒漠里写下永久的回忆，飘去飘来的笔迹是深藏的心语；前尘后世轮回中谁在声音里徘徊，痴情笑我凡俗的人世终难解的情怀……”

三毛喜欢流浪，喜欢去陌生的地方感受不同的风土人情和当地的生活，当心跟着脚步一起流浪的时候，才不会感到孤单，直到她遇见了荷西，一个让她终生难忘的恋人。

荷西：Echo，你等我六年，我有四年大学要念，还有两年兵役要服，六年一过，我就娶你。

荷西：我的愿望是拥有一栋小小的公寓。我外出赚钱，你在家煮饭给我吃，这是我人生最快乐的事。

三毛：我们都还年轻，你也才高三，怎么就想结婚了呢？

荷西：我是碰到你之后才想结婚的。

荷西：你是不是一定要嫁个有钱人。

三毛：如果我不爱他，他是百万富翁我也不嫁，如果我爱他，他是千万富翁我也嫁。

荷西：……说来说去你还是要嫁有钱人。

三毛：也有例外的时候。

荷西：如果跟我呢？

三毛：那只要有吃得饱的钱就行了。

荷西思索了一下：你吃得多吗？

三毛十分小心地回答：不多，不多，以后还可以少吃点。

荷西：我们结婚吧！

三毛：我的心已经碎了。

荷西：心碎了可以用胶水粘起来。

荷西：我知道你性情不好，心地却是很好的，吵架打架都可能发生，不过我们还是要结婚。

荷西：我想得很清楚，要留你在我身边，只有跟你结婚，要不然我的心永远不能减去这份痛楚的感觉，我们夏天结婚好吗？

就这句话，三毛看了十遍，然后去散了个步，回来就决定嫁给大胡子荷西。

三毛：如果有来生，你愿意再娶我吗？

荷西：不，我不要。如果有来生，我要活一个不一样的人生。

三毛打荷西。

荷西：你也是这么想的，不是吗？

三毛看看荷西：还真是这么想的。既然下辈子不能在一起了，好好珍惜这辈子吧！

三毛：如果我死了，你一定要答应我，重新娶个女人。

荷西：你神经，不和你说话！

三毛：神经也要说，你不娶，我死了也不会安心的。

荷西：要是你死了我一把火把家烧掉，然后上船漂到老死。

三毛：放火烧房子也好，只要你肯再娶。

荷西：要到你很老我也很老，两个人都走不动也扶不动了，穿上干干净净的衣服，一起躺在床上，闭上眼睛说：好吧！一起去吧！

荷西：快许十二个愿望，心里跟着钟声说。

三毛：但愿人长久，但愿人长久，但愿人长久，但愿人长久——

三毛：荷西在婚后的第六年离开了这个世界，走得突然，他们来不及告别。这样也好，因为他们永远不告别。

三毛：荷西·马利安·葛罗，安息，你的妻子纪念你。

记得当时年纪小
你爱谈天我爱笑
有一回我们并肩坐在桃树下
风在林梢鸟儿在叫
我们不知怎样睡着了
梦里花落知多少
——三毛《梦里花落知多少》

当三毛第一次遇见荷西的时候，荷西正在上高三。荷西要三毛给他六年的承诺，让他有四年上大学和两年服兵役的时间。三毛却没有给他任何承诺，她说六年的时间太过漫长，六年里一切都有可能改变。

六年的时间里，三毛和荷西很少联系。然而六年之后的某一天，三毛被朋友邀请到家里。她被单独关到了一个房间里，闭着眼睛——她对朋友这样承诺的。她感觉有个人进来了。那个人忽然从后面将她环抱起来，在屋子里转啊转。她惊讶地睁开眼睛，发现眼前竟然是满脸络腮胡子的荷西！三毛非常开心。她问荷西“六年前你要我等你六年，如果我现在答应是不是晚了？”这下荷西开始兴奋了。荷西带三毛来到自己住的地方，三毛发现屋子里面贴满了她的照片，荷西的所有和三毛有关系的东西都是从三毛的朋友那里得来的。

就这样他们幸福地结婚了，之后他们一起相伴流浪了六年。直到有一天荷西因为一次事故而撒手人寰。

听到这个噩耗，三毛陷入了极度的悲伤中。为荷西守灵的那天夜晚，三毛对荷西说："你不要害怕，一直往前走，你会看到黑暗的隧道，走过去就是白光，那是神灵来接你了。我现在有父母在，不能跟你走，你先去等我。"当说完这些话的时候，三毛发现荷西的眼角流出了血。没有人能弄清楚这一切。

世界上不存在完美的事情，再传奇的女子，也要在凡间寻找自己心灵的栖息之所。于是三毛恋上了荷西，选择了她最能触手可及的幸福。这是三毛这一生中最幸福的一段时光，在她心灵的最深处，和荷西的这一场婚姻，她甚至喜欢用童话般的思维去净化和升华。

台湾的作家琼瑶是三毛的朋友。她清楚三毛非常在意自己的承诺。为此她花了很长时间说服三毛，让三毛答应她不要自杀。三毛答应了。可是在某一天的某一个时间三毛还是失信了。这或许是她生前唯一一次食言。或许三毛不愿意让荷西再等下去了。一生有这样一个人在坚定地等待自己，夫复何求?

妙语人生

守护一份没有承诺的爱情，这需要一种怎样的勇气和信念？六年之后，当三毛与荷西重新走到了一起，才相信原来现实的生活中还有童话的存在。在正确的时间，遇到正确的人，是上天赐予你这一生最大的福分。好好把握属于自己的幸福，因为，下辈子，你们或许就不在一起了！

留在异乡的思念

很少有人会去在意自己身边的一些人和一些事，其实，他们不会知道，在那个容易被人忽视的角落里，往往会有一双眼睛注视着你，往往会有一份感情在等待着你。

他在当地是一个非常著名的富商，也是一个风流倜傥的浪子。他是我的一个非常要好的朋友，而且他非常欣赏我的学识，却对我终身厮守的爱情观毫不在意。他最常说的一句话是：既然来到这个世上，就该潇洒走一回。他这话之外的意思，当然是多甩几个人，从来不会想真正去爱谁。

但是出乎所有人的预料，就是这样一个浪子，却会在所有人的惊讶声中，娶了一个虽然温柔却不漂亮的普通女子。

在他的婚宴上，他同我们分享了这样一个故事。

因为业务的关系，他是个名副其实的“空中飞人”，每年的大部分时间都在全国各个城市漂，所以他喜欢在那些他停留过的城市找些女子来消磨无聊的时间。在南方的一座小城里，他认识了相貌平平但性格温柔的她，相处一段时间之后，他又要离开这座城市，于是他又拿出了他的老一套：他对这个女人说，你是我这一生的最爱，但我工作实在是太忙了，等我不忙的时候一定回来找你。他清楚，女人都是非常聪明的，一般不会等到他“工作不忙”的时候，而通常在这样的情况下，女人最多就是大吵一架，用一些物质来当作自己的补偿。

可面前的这个温柔女子却显得很平静，只是非常不舍地凝视着他，没有提任何要求。她送他上飞机的时候，仰着头，试探性地说，请给我你衬衣上的第二颗纽扣好吗。他非常吃惊她要求的卑微和奇特，可是在离开一个女人的时候他从来都会满足她的任何要求。于是他剪下第二颗纽扣，顺便把一颗钻戒一起交到她的手心。

她只接过纽扣，从容地推开了那颗钻戒。他过安检的一刹那，听到她说，以后要自己保重身体。他回头，看到她满脸泪水。他明白，她是知道的，他这是一去不复返了。他于是更加想不通，为何她只需要他的一颗普通纽扣。

他又恢复了以往的生活轨迹，喜欢上各种各样的女子，又离开她们。在分手的时候每个女人都会提出各种各样的要求：有的是要存有现金的银行卡，有的是要一座房子，有的是要他安排清闲而又高薪的工作。可是，那些和他有过关系的女子，那些像他一样爱说甜言蜜语为他哭为他笑过的情人们，在得到了那些她们所渴望的钱财以后，都会把冷冷的背影留给他，一如他离开她们的时候那般绝情。

奇怪的是，再也不曾有女人想要他衬衣上的第二颗纽扣。

有一年暑假，他读中学的侄女来他家玩，见到了衣柜里叔叔那缺了第二颗纽扣的衬衣，像发现了美洲新大陆的哥伦布一样，非常吃惊地说，叔叔，谁是你的心上人？他惊呆了。侄女告诉他，这是一个来自西方的美丽传说，第二颗纽扣是送给情侣的最好礼物，因为它占据胸口的位置……

他忽然一下子缓过神来。第二天凌晨，他坐上最早的一班飞机来到了他以为自己永远不会回来的城市，叩响她的门，见到穿着睡衣的她脖子上挂着一根红绳，坠子就是他的那颗普通纽扣。

谁也不会想到，已经过了而立之年的他，外表那么潇洒而内心却是那样寂寞和脆弱，在一个人的夜晚，他仔细检查着自己的内心，原来自己也需要别人的爱。的确，他曾经拥有过许多女人，但那些女人只是他生命中的一些过客。可是这个把他的纽扣系在脖子处贴在身体上的女人，让他懂得了什么是真正的爱，他漂泊的心仿佛也终于找到了永恒的归宿。

妙语人生

在很多人关心你飞得高不高的时候，只有她会关心你飞得累不累。

在每个人的生命中，有许许多多的过客。在这些不同性格，不同容貌的人当中，哪一个是深爱你的人，哪一个是你深爱的人，哪些人是你的知音呢？与其众里寻她千百回，不如珍惜那个只关心你飞得累不累的人！

风筝的线丢了

再神圣的爱情也终究抵不住时间的流逝，从恋人，到朋友，再到陌路，不是因为谁不爱着谁，而是因为风筝飞得太高，风筝的另一头已经失去了牵挂。

“你的脑袋里装的全是糨糊呀！”王韬轻轻地敲着苏菲的脑门说。

苏菲低头不语，眼里满是泪水，一脸委屈的样子。

“一点也记不起来在哪儿丢的吗？”

苏菲摇头，拼命不让眼泪流出来。

“总有一天你会把自己弄丢的！”

听到这里苏菲猛地抬头，嘴巴一噘，哽咽着问：“那……你会把我找回来吗？”

王韬一愣，随即把苏菲拥入怀里，脸上已是温柔的表情：“傻丫头，会的，我一定会把你找回来。”

苏菲满意地笑了，好似不曾丢过东西。可是苏菲怎么忘了问他，如果自己把他弄丢了该怎么办呢?

这是苏菲每次丢东西后和王韬都要重复的对白。因为苏菲很健忘，丢手机，丢钥匙，丢身份证，丢钱包……总之丢东西是她的家常便饭。王韬对此很是冒火，却也无可奈何，而且每次都是被苏菲搞得哭笑不得。除此之外，室友还给苏菲一个“公交白痴”的绰号，因为苏菲坐公交车经常不是坐错就是坐过站。有一次更是离谱，苏菲送朋友上公交车时，车来了她居然自己先跑上去，还洋洋得意地占了两个位子等朋友上来，车开走了才发现自己在车上，为此室友都快笑破肚皮了。不过自从和王韬在一起，就没发生过这种事了，因为无论到哪王韬都是会牵着苏菲的手，苏菲特别依赖他，更享受着这种依赖。

临近毕业时苏菲却作了一个令所有人惊讶的决定：独自一人去北京。还发誓要混出点名堂呢。王韬早就有留在湖南的打算，他说这里有太多熟悉的东西。而苏菲的脑子里充满了奇特的幻想，那个城市时刻吸引着她去揭开神秘的面纱。

一开始王韬以为苏菲开玩笑，当发现苏菲在收拾行李时他火了：“你怎么敢一个人去北京呢。和我留在湖南不是很好吗？”苏菲停下来认真地看着他：“王韬，你在湖南找到了适合自己的定位，我也要找到自己的坐标。”

“可是在这里你也一样可以找到呀？”他激动地说。

“那是不同的，在你身边我永远都是依赖你。”

“这就是你的理由吗？原来你是厌倦我了，要离开我？”

“不是的，不是的，你要知道我永远都是很依赖你的。但是我想让自己的思想独立，我不能做个永远长不大的孩子。”苏菲固执地不为他留在湖南，也不让他为了苏菲放弃自己的理想，尽管他的伤心和担心都写在脸上，但苏菲依然很坚决，最终他还是妥协了。

在火车站里，很多人来送苏菲，同学们一个一个和苏菲告别，苏菲显得特别兴奋。而他却默默无言，只站在人群中静静地看着苏菲。每每触到他的眼神，苏菲心中的不舍就更加强烈。想和他说点什么，又觉得是多余的。

火车快开动时，王韬突然跑到窗口轻声而有力地对他的同学（跟苏菲搭同一趟车去北京）说：“你应该很清楚苏菲在我心中的分量，你要是敢伤害她或是委屈她，我会跑到北京去找你算账的。”然后他很凶地说出关心苏菲的话，苏菲鼻子一酸，眼泪快要掉下来了。“你还凶我，我不回……”他用手盖住了苏菲要说的话，然后伏在苏菲耳边说：“这趟车的终点是北京，你不用担心会过站，我会买张北京的地图，不认识路打电话来问我，好好地照顾自己，我相信你一定行，我在湖南等你。”苏菲的故作轻松在听到这些话时全部瓦解了。火车开动了，他在窗外跑，苏菲的眼泪在窗外飞。

是不是这次的分离早已注定了故事的悲剧？是不是苏菲忘了把爱情带上车？还是苏菲又坐错了车？苏菲真的把他弄丢了，把爱情弄丢了。丢在了湖南老家，丢在了这趟火车的车窗外……

北京是个快节奏的城市，到了那里苏菲就忙着找工作，然而现实是残酷的，因为没有经验的苏菲常被拒之门外，一个多月过去了，可是苏菲却一无所获，每次快要倒下去的时候苏菲就想到王韬送苏菲时说的话：“我相信你一定行的！”还有王韬同学转过来的信，字里行间的牵挂和关心每次都会让苏菲把信纸打湿得一塌糊涂。可是苏菲没有回过他一封信，苏菲怕倾诉会让自己跑得比信还快去见他，在苏菲还没有实现自己理想之前她是不能放弃的，她不能让王韬失望。在她的所有棱角都被磨光之后，苏菲不得不把自己的要求降低，最后在一个公司做了文员。但是苏菲没敢告诉王韬，因为他肯定会叫苏菲回去。苏菲总是躲着王韬，电话不打，信也不回。

后来苏菲换了工作甚至没告诉王韬地址。苏菲总是在心里说等情况好转了再和他解释。其实，在伤害他的同时苏菲自己也在煎熬着，工作的艰辛和在异乡的孤独，总是让苏菲想起以前依赖他的日子，经常委屈得不知不觉地流泪。不过总有个信念在支持着苏菲：她要做到最好的自己给他看。但是苏菲忽略了，当一个人的爱得不到回应时它就会渐渐变淡。再多的激情也会被磨灭。

换工作后的两三个月，苏菲和王韬一直没有联系。后来，以前的同事转过来一封信，一看就知道是王韬的。拆开一看，只有寥寥几字：

苏菲：

我来过北京，可是我却没有找到丢失的你。也许是北京的繁华把我的风筝弄丢了，再也抓不住了，所以我选择放弃！

王韬

最后两个字让苏菲的心沉下去，一看时间还是上个月寄来的，苏菲慌忙打他的电话，在网上留言，写信，用了一切能联系他的方式，可是都没有任何回应。焦急等待了一个星期，可是什么消息也没有。苏菲急得六神无主，这时才发现，她其实就是一只风筝，线的那头是王韬，可惜现在找不到线的那头了。

妙语人生

爱情，就是向彼此袒露心扉。不管什么时候，都不能让爱你的人为你担心，风筝飞得再高，只要有一根线牵着，最终仍然会回到对方的身边。可当这跟线已经承载不了风筝的飞行时，他只有选择放手。放手的原因并不是不爱她，而是再也找不到她了。

爱要及时说出口

生活中总有些阴差阳错的事情让我们唏嘘不已。有些人，有些事，不去追求，那么后悔的，就是一辈子。

晓琳在E-mail里告诉阿华，下个月，她会飞到纽约，要他去机场接她，她要在第一时间吃到美国的薯条。阿华曾无数次在E-mail里吹嘘，纽约的薯条品种繁多又便宜，足以让晓琳在一周内变成超级肥妞。

阿华从读书时就知道晓琳是爱薯条的，那个时候书包一侧总塞着一袋薯条。上自习课时晓琳的嘴巴从来不闲着，同桌的女孩对别人说她很讨厌晓琳，因为晓琳的皮肤黑。其实，她讨厌晓琳吃薯条，香香的味道总能轻易地侵略了她的味觉神经，扰乱她安心读书。第二个学期伊始，她向班主任提出调换位子，不过，没出卖晓琳的薯条，晓琳对她的敌视有所减轻。

这个同桌叫夏田，有着让晓琳嫉妒的白皮肤和一头乌黑的头发，还有着很棒的学习成绩。夏田如愿以偿，和阿华分享同一张课桌，晓琳一回头就能看见夏田歪着脑袋和阿华说话。晓琳有点儿后悔，早知道是这样的结果，提出换座位的应该是我。

晓琳不要夏田喜欢阿华，所以，从高一到高二，晓琳逮着机会就拼命践踏阿华的形象，夏田每次都是不在乎地偷笑，晓琳有点儿怀疑她在侮辱她的智商。于是，在高三上学期，因为一件小事，晓琳和夏田之间的战争终于爆发了。

夏田说：“晓琳，你知道吗，你很让人烦啦。”晓琳仰起鼻孔：“我哪里让你烦啦，你才让人烦呢，整天仰着鼻孔装骄傲的公主。”然后，她们谁都不理谁，看教室外的梧桐树，开满了小喇叭样的紫色花朵，再然后，扑哧一声，她们都笑了，冰释前嫌，成了三人死党。这事发生在2002年的秋天。

时间过得真快，转眼到了2003年秋天，夏田考进了清华，阿华去了上海理工。晓琳把自己只能在本市读一所普通大学归罪于薯条，怪它们用美味涣散了她的学习动力。

其间，夏田曾在网上问晓琳："晓琳，你爱阿华吗？"晓琳甩过去一个吃惊的表情："嘿，你饶了我吧，我爱阿华？除了耍赖，他不会哄女孩子，又不懂浪漫，我的初恋可不想交给一截邋遢的木头。"夏田不相信，晓琳信誓旦旦。其实，晓琳是言不由衷的。

2005年冬天，阿华突然从上海跑了回来，他穿着厚厚的羽绒服在学校的寝室楼下。晓琳傻乎乎地跑下来，站在凛冽的风里仰着头看他。阿华是个大男人了，晓琳的额头只到他的肩，晓琳只能仰望着穿得那么厚、像一只笨笨的北极熊的阿华。

"不好好上学跑回来干什么？"寝室楼里有暖气，冬天一到，总是让晓琳错误地估计了外面的温度，穿得少少地下来，在寒风里瑟瑟地问他。

阿华撇了一下嘴巴："又臭美了，快回去穿件衣服，我在这里等你。"哈，他的口气又疼又怜又无奈，晓琳喜欢，宁肯这样冻着让他怜下去。晓琳倔犟地说不。

阿华刷地拉开了羽绒服拉链，晓琳被裹进去，暖得晓琳的眼泪都快掉下来了。那天，阿华像一只巨大的树袋熊，揣着晓琳在校园里走来走去。他要去纽约读研究生了，在上海，他通过了托福考试。

晓琳的心忽地缩了一下，仰起头，看他，心想："为什么一定要去纽约呢，夏田也去了。"

阿华也仰起了头，他们一起看天，下雪了，细碎的雪花飘进眼睛里，挂在头发上，凉气丝丝钻进心里。阿华说："因为去美国读研究生时间短啊。”时间，不是晓琳在乎的，晓琳很想问阿华，在纽约，他是不是和夏田在同一个学校。夏田在纽约。

直到阿华离开，晓琳还是没问，只是站在雪夜里拼命向载着阿华远去的计程车屁股招手，直到视线里只剩了两道漫长的车痕，晓琳蹲在地上，在雪地上写下：晓琳爱阿华。然后哭了，继续飘落的雪花，那一串字渐渐变浅，渐渐被吞噬。

阿华要去北京转机去纽约，他们的送别在机场画上句号。阿华进了安检通道，渐行渐远，晓琳冲着他的背影张开嘴巴：“晓琳爱阿华。”

只是，晓琳的声音被机场广播淹没了，阿华只听到晓琳念他的名字，没有听清前面的。他折回来，探着长长的脖子问：“晓琳，你说什么？”晓琳很失望地说：“没说什么，我念了雪地上的一句话。”他摆了摆手，离开了晓琳生活的城市，去了遥远的纽约，那里有夏田。

一周后，晓琳收到了阿华的E-mail，阿华在E-mail末尾问：“在机场安检口，你说了句什么。”晓琳回E-mail给阿华，然后按了发送。回到收件夹，看到了夏田的E-mail，她兴高采烈地告诉晓琳，终于可以给你发E-mail了，阿华给她装了中文输入系统。

晓琳慢慢移动着鼠标，逐字逐句地看，不放过一个标点。看了两遍，关上电脑，夏田的E-mail内容晓琳已倒背如流。晓琳没给她回。然后，晓琳决定去纽约。

阿华的E-mail时不时发过来，末尾的结束语在千篇一律地重复：“在机场安检口，你说了什么？”

晓琳的回答从不重复，阿华知道晓琳在撒谎，他要听到晓琳的真话。晓琳犹豫再三，好像说了它就失去了发E-mail的动力。

2006年春天，晓琳给阿华发E-mail让他到机场接她，晓琳要在从机场到住处的路上一口气尝完纽约各种口味的薯条。

在机场出口，晓琳看见了阿华。他黑了瘦了，眼睛炯炯有神，像黑人的牙齿，在黑夜里一闪一闪地富有光泽。晓琳张着胳膊，像鸟儿一样扑向阿华，却扑进了夏田的怀抱，她竟然躲在阿华身后。她看着晓琳，好像给了晓琳一个天大惊喜，在爱情面前，这样的惊喜喧腾不起效果。但是，晓琳要配合人家演下去，假装很惊喜。

回住处的路上，阿华从背包里给晓琳掏薯片吃，果然吝啬，竟真的一种口味只带了一片。在吞下第四枚薯片时，晓琳看到了阿华手背上多了一片巨大而暗红的疤痕，她一把捉在手里："和别人打架了？"

夏田没心没肺地咯咯笑，抢着说："这是阿华去中餐馆偷师的代价，他发誓要学会做菜，养好我的胃。"

晓琳放慢了对薯条的咀嚼，然后味蕾失灵。晓琳闭上眼睛努力向后仰头，夏田摸了摸晓琳的脑袋："晓琳，你怎么了？"

晓琳不肯睁眼："飞机后遗症，有点儿晕。还有，我想我老妈了，第一次离她这么远，现在她一定坐在电话机边，望着纽约的方向掉眼泪。"眼泪就一滴一串地落下来，晓琳总算给眼泪找到了合理的借口。穿过眼泪，晓琳看到一个叫晓琳的傻妞，她傻乎乎地等着一个叫阿华的男生来追，等来等去，爱情却已被遗失在等待的路上。

晓琳的初恋没来得及开始就结束了，晓琳忽然感觉自己很多余。

那天晚上，阿华狠狠地喝了两瓶啤酒，很没出息地醉了，他抬起醉眼说："晓琳，你还没告诉我，在机场安检口，你究竟说了什么？"

晓琳盯着他，悲愤地大喊："你就那么想知道我究竟说了什么吗？"

"想，夏田也想。"

"好吧，我说'晓琳爱阿华'！"说完，晓琳摔门而去，对身后面面相觑的两人视而不见，街边的流浪猫惊异而诡秘地看了晓琳一眼，被晓琳的呜呜大哭吓得落荒而逃。

那天晚上，夏田上街找晓琳，很远很远地看着晓琳："我问过你的，你说不爱他，可是，当我知道你爱他时，我们已经在一起了。"

"我爱他。"

"谁让你不早说呢，爱得早不如说得早。"

最后，夏田问："我们是做情敌呢还是继续做朋友？"

晓琳仰着头，想啊想啊，想得很难受，半天才说："做情敌我也得不到爱情，你以为我傻呀，连爱情和友情一块扔了？"

然后，她们呱嗒呱嗒地跑向彼此，在街中紧紧地拥抱，可，晓琳还是哭了。

妙语人生

每个人都有属于自己的幸福，在合适的地方，遇到正确的人，就放心去追求吧！

"放手去爱不要逃，一辈子能有几次真正的拥抱。"每个人都有追求幸福的权利，不要等待幸福来找你。要自己去主动敲开幸福的大门。

"一错身，一生错"，不要让自己的等待换来最终的伤害，不要让门内的那个原本属于自己的位置被别人所取代。

相爱的谎言

说出一句话，可能只需要几秒钟的时间；而为这句话所付出的代价，往往是一辈子。

那一年的冬天，雪下得特别突然，他排了一天队只勉强买到两张硬座的车票。他担心她受不了坐将近30小时的硬座，她却在电话那头兴奋地大叫：“你居然买到坐票了，我听说好多人都只能站着回家呢。”他心里突然间温暖而充实。他的心里，一直期待她些微的赞许，或者更准确地说，依靠。

火车上繁乱而拥挤，她坐在他身边，安静而柔弱，他看着她，排山倒海的感情冲击着他的心脏，他禁不住握起了她的手。看着她闪烁的目光里万千柔情，他暗下决心，一定要照顾她一辈子。

那年春节仿佛一个噩梦，让人猝不及防，他的父亲因癌症撒手人寰，留下弱不禁风的母亲，以及惊人的债务。他开始有意躲避她。他不能让她和他一起面对残酷的现实，不知如何让她来分担这种哀痛。他开始拼命打工，和她什么都没说，又好像什么都说了。

大学四年很快过去了，她申请去美国留学。他一直想着自己要足够强大去照顾她，或者说他不想她对他有丝毫的看不起。突然间，分别让这一切都变得毫无意义。她的热泪滴到他的心里，她说：“四年后，我会回来，希望你做到你想做的。”

是的，他想做的，他最想做的是骄傲地踏实地拥她入怀。

他的事业慢慢地开始步入正轨，债慢慢地还清了，他有了自己的公司，虽不大，但每一份疲惫都让他觉得充实、满足。人们说他像上足了发条的工作机器，但是他觉得幸福，四年快到了，梦想似乎很近很近。

但是，一项错误的决定让他不大的公司一夜之间濒临倒闭。他不再惧怕如山的债务，但是他不能面对她。在他的梦想里，她应该生活在他的呵护下，不食人间烟火享尽世间荣华。

他给她打电话："留在美国吧。"停了一下，他说，"我有了女朋友。"电话那头，她微微地"啊"了一下，他的心脏迅速地抽紧。那一瞬间，他幻想着自己丢掉那可怜的自尊和骄傲，哪怕有那么一瞬间可以到她的身边去，触摸那自己朝思暮想的容颜。她挂掉了电话。黑夜铺天盖地袭来，他躺在地板上，甚至感觉不到心脏的跳动。

从此，她杳无音信。他失魂落魄，只是玩命地工作，不再想儿女情长。

弹指一挥间，十多年过去了，他功成名就。每次他踏进公司大门的时候，所有的人感受着他的威严。一个成功的钻石王老五，坚强、果断，白手起家，仿佛是一个传奇。

黑夜来临的时候，他的坚强像潮汐一般消退，孤独肆无忌惮地扑来。他不想放纵自己的感情，偏偏思念有如潮水般不可挡。

终于，她出现在他面前，手里牵着的小男孩聪明顽皮。他看着她，突然掉下泪来。小男孩在他的怀里好奇地摸着他的鼻子问："叔叔你怎么哭了？妈妈说有你这样鼻子的男人都不会懦弱。"

他忽然如芒刺背，尴尬地笑着："告诉叔叔，爸爸对妈妈好吗？"她笑起来，眼里闪动着感情和泪光："他是个好人，尽管我们现在还在还房贷，但是我们一起走过了所有最美好和艰难的岁月。"

他知道她永远具有这种能力：对他一语中的。她知道是他那深埋在坚强后面的懦弱摧毁了爱情。他甚至不敢在爱人面前分享，他惧怕爱的压力，惧怕爱情灰飞烟灭。

人生中苦难与幸福并行不悖，等到他明白，一切已烟消云散。

目送她登机，他的眼泪前所未有地倾泻。她一直微笑着，努力控制着湿润的眼睛。登机之后小男孩一直得意地问她："阿姨，我演得好不好？"男孩是一个朋友的爱子，酷爱表演。

飞机腾空的一刹那，所有的东西轻微地失重。她觉得生活飘了起来，或者是她见过了他，放下了最后的牵挂。她取出止痛药，干涩地咽下。

洛杉矶的医院里，她像年轻时候一样，想着他，泪流满面。这时的洛杉矶，正是漫天飞雪、生命凋零的时候。

她走的时候安静而祥和。

中国的那个城市里，那个发誓要照顾她一辈子的人正怅然若失地走在厚厚的积雪上。仿佛一转身之间，人生，已是一世。

妙语人生

在彼此相爱的两个人的眼中，对方就是自己的全部。为了对方，自己可以背负那所有的罪，一句看似绝情的谎言，里面包含着多少眼泪。不是非要离开你，只是，希望你过得比我好。

因为爱，所以分手

今生错过的人和事，就让时间去慢慢将它们遗忘吧。当一切变成了过去，再回头追寻曾经的足迹是永远也无法改变的，也许你会有各种借口，在万不得已的情况下才选择放弃或再追寻，但我们毕竟不是电视剧中的主角，现实是如此的残酷，没有人伤了还会站在原地等你，就算曾经有过，也已经在有限的时间里被绝望带走。

认识李娟并非小张的意愿。其实，小张那时已经26岁了，并不是不想找女朋友、不想轰轰烈烈地谈一次恋爱。可是，一个“谈”字对他来说是件很奢侈的事。因为小张是警察，没有更多的时间面对某个女孩的柔情，而且，他又是很唯美的人，要谈就全心付出，要么干脆就不谈。

可李娟却偏偏在这个时候找了来。

她是报社的记者，在小张他们侦查一起贩毒案时，为了采访千方百计加入到他们行列的。很快小张发现不管有多紧急，李娟都能保持平静异常的心理，这是那些做了多年干警的男人都很难做到的事。

那天，他们终于得知毒贩头将于晚间出现在某村某间民房，于是，他们做好了周密的部署。可罪犯很狡猾，相互间有暗号，否则绝不开门。按说如果硬攻他们的人也够，但那样损伤较大，据可靠消息，罪犯有两把手枪。“要是能让罪犯打开门，什么事都好办。”小张自言自语。“废话，你这是老鼠给猫系铃铛。”一筹莫展的队长呵斥了一句。

“可是，如果一个女人去找自己的丈夫，也不足为奇。”小张低着头，装作无意识地说。

十几个人的目光一齐射向李娟。“跟我来。”李娟谁都没看，说这句话时，人已走出暗处，向罪犯所在的房子走去。阻止是来不及了，队长狠狠踢了小张一脚，命令大家“跟上”。

李娟看了一眼围在墙边的他们，用力敲打着门板，大声而焦急地喊道：“大哥，大哥快开门，孩子病了，嫂子让你快回去。大哥，孩子病了，嫂子让你快回去……”“你大哥是谁？”一个男人一边开门一边粗声粗气地问。

很快，他们没费一颗子弹就将罪犯抓获。事后，队长命令小张向李娟道歉，小张爽快地答应下来。其实就算队长不说，他也会向李娟道歉，毕竟，那个玩笑开得有些过火。如果李娟出了什么意外，一切责任将由他来承担。

在报社的楼下等了许久，李娟才出来。看到小张，并不吃惊，就好像天天见面一样，没什么表情地走过来等小张开口。那一刻，小张想不明白，相隔了两星期再次见面，连他这个大男人都多少有些激动，她竟能淡然得没一点感情。

“我来向你道歉，那天我不该让你去冒险。”说完，转身就走。事先准备好的种种道歉方式都被这女人的冷静搅得记不起来。那一刻，小张有些恨自己自作多情，竟从城东骑了近一小时的单车跑到城西向她道歉。“这么远来只为向我道歉吗？”转过身，她眼角的笑意竟是带有恶作剧般看穿一切的嘲弄。

小张的脸蓦地红了。等待她时的不安和见到她时的慌乱，已让小张明白，这一次，之所以不带任何怨言地真心道歉，都只因为自己已喜欢上她，懊恼的心绪一下涌上来，语气便不再客气：“你以为还有别的吗？”

“一起喝杯茶好不好？”原来她温柔的语气是不容人拒绝的。不敢看她的眼，小张匆匆点了下头。

他不是没有和女孩子一起喝过茶，只是从没有如此不可阻止地喜欢上一个人。

接下来，他便常常在报社的楼下等李娟。李娟从来不知道，默默地注视一个人竟是这样地幸福。

幸运的是，李娟的父母对小张也很好，只有一个女儿的他们，唯一的心愿就是看到李娟有个好归宿。休息的日子，小张总是泡在李娟家，和她的妈妈一起弄几样好菜。自从父母在追缉罪犯中双双殉职后，小张第一次感受到家的温馨，他是越来越迷恋李娟的家了。

很晴朗的一个星期天，他们一起逛街。李娟挽着她父亲，小张挽着她母亲，那种相互依靠的感觉别提多温馨了。幸福中的小张没有注意到，一双恶毒的眼睛正盯着他。当小张感知，一切都已发生，李娟的父亲推开小张，挨了一刀，刀口并不深，可是因为突然倒地引发脑溢血，最终还是没有抢救过来。

医生告诉这消息的时候，李娟的手紧紧抓着父亲的手，没看小张一眼。小张不敢上前，不敢说话，看着李娟的泪一滴滴打在地上，他的心也如落地的泪珠，四处飞溅。

同事告诉小张，整个事件是一次寻仇，因为小张从线人那里探知毒贩头的踪迹并将他们一网打尽，所以，小张成为他们仇视的目标。

悄悄退出医院，小张找来两个办事稳妥的朋友请求他们帮李娟料理一切后事。小张以为李娟此时最不愿见的人就是他。葬礼那天，远远地看着悲痛异常的李家母女，小张宁愿埋葬的是自己，他太清楚突然间失去亲人是怎样的一种滋味了。

两个月后，李娟写来一封信，告诉小张，现在她生命中最看重的是亲情。她说：看着母亲一天天苍老下去，那种心痛比看着父亲逝去更加深切，更加难以承受。所以，不管曾经有过怎样的感情，她都将不再记忆，不再拾起。信末还说，她和她母亲祝小张一切顺利。

发生这样的事，小张已没有选择的权利。可小张忍不住仍要踱到李娟的窗下，远远注视着那扇或许有她或许没有她的窗子。小张所有的感情都在那里了。有时，能看到李娟，小张会痛着心躲到树后，他只想远远地看看。不知道这样过了有多久，在一个夜晚，小张被三个男人围住，没有一句话，他们就动手打小张。任由他们的拳头上下翻滚，唯一能够想到的是，离开李娟，生命于他已是一片空白，生与死都不再是个难题。在倒下的那一刻，小张却听到李娟的声音："不要……"当小张慢慢醒来，队长告诉他，从三个汉子手中将他救出的是李娟。队长说：李娟一直知道你在她窗下，她看到你被围击，让她母亲报了警，自己则抓了一根棒子冲了过去。目击者说他们从没看到李娟如此冲动，如此不要命，连罪犯都说她当时像疯了一样，没人敢上前跟她拼命。

许久，小张终于放声痛哭，李娟是爱他的。在小张苦苦挣扎于心理的责问和失去的痛苦时，她也同样挣扎在舍取之间。曾经，小张以为自己失去了她的感情，可是，在20多年的生命中，小张第一次深切地知道什么是"生死相随"。泪水洗过，小张感觉到幸福，疼痛般的幸福。

痊愈后，小张去找李娟，依旧是等在报社的楼下。见到小张，她就好像天天见面一般，淡淡地走过来。"我，刚巧路过这里。"小张说。

她轻笑着点点头。"一起喝杯茶？"小张建议。

她轻笑着摇摇头。

曾经的一切真的都已不在。小张低下头去。

"我的舍弃，跟感情无关。我仔细想过了，如果让你放弃这份工作，你会更加对不起你的父母，还有，我的父亲；如果你不放弃，我又不能确定会给母亲一个安稳的晚年。"

说完，李娟上前轻轻拥住小张。一滴泪落在小张的耳边，痒痒地撕裂着彼此的心。李娟要的不过是像水般一点一点清澈而欢畅地流淌，可小张带给她的，只会是可怕的回忆。

感情或许可以经受岁月的捶打，却经不起心灵的折磨。爱，依然是爱着的，只是那爱已不是往日单纯的付出了。与其在日后想尽办法地补偿，不如早早放手。他们是常人啊，不可能不将曾经的记忆带进今后的生活，李娟怕自己走不出父亲因他而去的阴影，更怕他把补偿的包袱背负一生。

在爱情的天平上，李娟比小张更唯美，爱得也更深。紧紧拥住李娟，心里比任何时候都凄楚。因为，一拥后，他们将天涯各路。

妙语人生

有时候，离开并不是因为彼此已经不爱对方，而是因为太爱对方，不想对彼此造成伤害。不管什么时候，在心中都会为对方留一个位置，而这个空缺的位置，今生再无法可以填补了。

花开荼蘼

生命中总有一些人会在你不经意的时候从你身边倏然掠过，当自己回过头来回忆的时候，才发现光阴已经改变了彼此的生活。曾经憧憬的幸福对彼此来说都是一场梦，只是，有人梦醒得早，有人一直迷失在梦中。

他和她曾经是初中同学，多年以后在陌生的城市相遇，自然而然地住在同一屋檐下，彼此有个照应。

每晚临睡前，她穿着睡衣，齐耳短发，站在他的房门口轻声问，明天你想吃什么。而他，总在她的电脑死机或电路出现故障时，很男子汉地拍拍她的肩膀："放心，一切有我。"她曾开玩笑地告诉他："我在替你将来的枕边人照顾你的起居，等她出现时，接管你的生活。"

有她精心照顾他的生活，他的气质也越来越高雅，洁净的外表和成熟幽默的谈吐吸引了越来越多的年轻女孩子。他与一群年轻女孩坐在客厅谈笑风生，她退到一边，慢慢懂得了他们的明天已逐渐陌路，26岁的女人再没有时间等待，而26岁的他风华正茂。

她默默地搬离了这个让她开心却又伤心的房间，只留下一串QQ号码，她在心里给自己许了一个承诺："如果半年内，他意识到我的重要，我就跟他回家。"隔着显示屏，他只有普通的寒暄，没有一点热情。有几次，她想跟他聊一些有趣的话题，他却忽然关上了话匣子，非常直接地说："要不你先忙吧，我还有事。"她知道，不管在生活中还是在网络里，她只是他再普通不过的老同学。

她QQ的好友栏里只有一个头像，每天她像个守望者，守望着它的明灭，在她的爱情世界，除了半年的等待，一切皆空白，而他浑然不知。

27岁那年，她嫁给愿意照顾她的男人，他在QQ里恭喜她："爱情甜蜜，婚姻和满。"她掩面，泪水顺着指缝滴落到键盘上，他却看不见，生命中唯一一朵情花未展露芳华，便已凋零。

婚后的生活平淡而从容，原来全心全意为一个人做羹汤，并不需要爱情。只是在每个深夜，她静默地上线，怔怔地望着好友栏上咖啡色的头像，听他描述现在的爱情和生活。她把身体和一切给了老公，只把心遗留在他身上，充其量，也只是他生活的匆匆过客。

30岁生日那天，他在QQ里留言，到现在才知道自己需要什么，我很想念你做的那些菜。她的心非常激动，匆忙下线。第二天，她下厨做了几道菜，老公吃着香气四溢的饭菜，惊喜地问，想不到你能做出这么可口的饭菜，可怜我今天才尝到！

她伸手抚弄老公的面颊，恍然间，觉得对不起自己的老公，他给自己非常美满的生活，甚至宽容她对另一个男人恋恋不舍的爱情，而她竟丝毫不知道付出。

自此，她爱上了这个家，也从此遗忘了那个QQ号，不会再登录。两年后，她收到他的邮件，大婚之日的他说，那时候我太天真也太傻。信的结尾他说，如果你想结婚的时候，我刚好在，多好。

铅华洗尽，他们终于明白，情花曾开，可惜其中的一朵已经花开荼蘼。

妙语人生

"开到荼蘼花事了，尘烟过，知多少？"感情也是一样的道理，当最初的热情慢慢退散，回归于平静的时候，就再也无法回到从前的美好，岁月会让人学会回忆，但回忆对某些人而言，是一种痛。这种痛只有彼此错过的人才能明白，曾经遗失的美好永远无法再来！

废墟中的坚守

爱情不仅仅是花前月下的快乐，你侬我侬的甜蜜。最重要的是在困境之中，可以有一双手小心翼翼地牵着你，让你不会迷失方向，有一种声音鼓励着你，让你不会感到绝望。

一切发生得太快，他们还没有来得及好好享受爱情的甜蜜。几秒钟之内，一座六层高的建筑物一下子坍塌了，两人被埋在了废墟之中。

不知过了多久，云从昏迷中醒来，眼前一片漆黑，一时竟然没了记忆。身上压着一块空心水泥板，但运气不错，这块水泥板的另一端被一个水泥柱子支撑着，只是压在她的身上令她动弹不得，却不曾令她受伤。“辉！辉！你在哪儿？”云猛然想起了她的丈夫，叫着。没有反应，她怕极了，不由得哭泣起来。“云，我在这……你怎……怎么样？有……没有……受伤？”辉微弱的声音从她身边传了过来。“老公！你……你怎么样？！”云听到丈夫的声音和平时的不太一样，惊恐地叫着。“我没事。只是一时压着动不了。”辉尽量安慰着，说：“宝贝，别怕。我们聊天吧，这样时间会过得快点。”云感觉辉的手伸过来碰到了她的头发，急忙用手紧紧地抓着。辉握着云的手，有些颤抖，但依旧十分有力，“我的另一条胳膊好像在流血……”云继续说着，“老公，我们是不是要死在这了？”“怎么会呢？一会儿就会有人来救我们了。”辉紧了紧握着妻子的手……

两人都沉默了，他们都知道除了等待之外，他们毫无办法。云感受着丈夫的手，说：“辉……我爱你！”辉紧了紧握着妻子的手作为回答。为了使她不感到害怕，辉每隔几分钟便会跟她说话，但是，她感到困倦，想睡了。

“辉，我好困啊，我睡一会儿……”云低低地说。

“不能睡！！”辉大声地喝道。这喝声把妻子惊呆了。辉紧紧地握着云的手，说：“对不起，亲爱的，我只是想告诉你，你要控制自己，千万不能睡！你在流血。困倦不是因为疲累，而是因为失血，如果睡了，就很有可能不会再醒来！知道吗，听话，千万不要睡，跟我说话。”

辉不断跟她说着话，从他们第一次见面到走进结婚礼堂。她迷迷糊糊地听着，一直处在半睡半醒之间。

不知道过了多久，她听到外面有一些沉闷的铁锹声。终于有人来救他们了！她一下子清醒了许多，兴奋地握紧丈夫的手，叫道：“老公，你听，有人来了！有人来了！我们得救了！”辉的手慢慢松开了。传入她耳边的是一阵阵微弱的呻吟声。一缕灯光射了进来，她终于支持不住了，昏迷了过去。

抢救进行得非常顺利，当挖开一块一块的水泥板，撬开一根又一根变形的钢筋后，搜救人员首先发现了几乎被压扁的辉，辉的神志还是清醒的，他的嘴边不断溢着血，这说明他的内脏受了严重的伤害。估计是肋骨断裂后插入内脏造成的。一只手已经断了，断裂处血已凝固。一条腿的骨头粉碎性骨折……在场的经验丰富的医生看到辉时，都开始摇头，已经知道他没有多少时间了。当抬他上救护车时，他拒绝现场医护人员的及时救治，他躺在废墟边的担架里，用干涸的嘴唇不断说着：“快救她……快救她……”

辉的眼睛死死地盯着搜救人员的举动，很快昏迷中的云也被成功救了出来，辉转向医生，眼光里竟流露出乞怜的神情，嘴角抽动着，已经说不出话来。医生现在有点明白是什么支持他能坚持到现在了，他给了辉一个安慰的眼神，迅速走到云的身边给她做了一些检查和必要的治疗。

医生又一次回到辉的身边，蹲下身来迎着他急切的眼光说：“你放心，她的情况还不算坏，至少她没有生命危险，也没有严重的内伤，失血有点严重，不过没关系，护士已经开始给她输血了。”医生的话刚说完，辉绷紧着的身体似乎一下放松了，眼光努力地追随着远去的云的担架。辉用尽生命的最后一丝力气依恋地看着云，看着他深爱的妻子，那眼光分明流露出万般的不舍。他深深地望着远去的急救车，仿佛要将她的影像永远印在脑海里。

一阵风吹来，一滴泪，从他的眼里流了出来……他走了。

妻子经过两天的昏迷，终于醒了。医生告诉她，她所看到的帮她撑起一块水泥板的大石柱，是他的腿……

“问世间情为何物，直教人生死相许？”现实中领教过琼瑶剧里多少缠绵悱恻，让人备感爱情的伟大力量。

其实爱情本该是美好的，或者说她始终是圣洁的，每个人在爱情中都曾经或正在体会着那份独特的甜蜜，爱一个人的确是幸福的，因为我们已经把自己的心情甚至生命与爱人紧紧地系在了一起。

妙语人生

真正的爱情是一辈子的守候，是一生的约定，只是，现实中的人，太不关心爱情的保质期，伤过之后才幡然醒悟。

陈升有一场“明年你还爱我吗？”的演唱会，演唱会的门票提前一年预售，而且有一种是仅限情侣购买。男女各拿一张券，一年后，两张券合在一起才能奏效。那一刻拿着门票的恋人，都认为是很浪漫的事吧。结果第二年的演唱会，那本来浪漫而甜蜜的位置，好多空位子。一切不言而喻。网络上说：“他面对着那一个个空板凳，脸上带着怪异的歉意，唱了最后一首歌：《把悲伤留给自己》。”他想知道那些失约的恋人们那一刻在想什么，想知道当初手握门票时的兴奋与浪漫在那一刻又变成什么。

罐头可以败给时间，感情也一样——如果一年的保质期都是奢侈，要用什么样的浪漫才能延续？

“执子之手，与子偕老”对有些人来说，只是一个美丽而忧伤的誓言。越来越功利的社会，爱情在一部分人的心中也在慢慢变质，现实的无奈使他们迷失了对爱的忠贞，不知道这是对现实的妥协还是对爱情的背叛？

牵挂你的人依然是我

世上最可贵的不是恩爱时的甜蜜，而是分手后还保留的那份牵挂。

（1）

那一年，她迷上了传销，辞去了工作全身心投入，搞得家里乌烟瘴气，把亲朋好友全拉了进去，当然也包括丈夫的亲戚。丈夫是个保守的职员，他一直不认同她的这份工作。她忙于工作，经常晚上不回来，还要到外地去接受“洗脑培训”，把原来存的一点钱全花光了，家里家外、孩子婆婆全由丈夫一个人操心，丈夫对她的意见越来越大，她也越来越看不上他的落后思想。最后矛盾不断升级，丈夫索性带着儿子搬了出去，并与她签了离婚协议。

那时候她很傲气，干脆利索地签了字，只是在儿子的抚养权上有些争执，丈夫说：“你根本顾不了家，把儿子交到你手里我怎么能放心？”

丈夫说的是实话，最终儿子判给了他。

没过多久，她的事业也一落千丈，噩运似乎总是黏上她。她的传销点被查封了，上线不见了踪影，朋友全让她得罪光了，她不敢见他们，以前的积蓄也早就赔了进去。真是叫天天不应，叫地地不灵，那段时间她想死的心都有。她住的房子是父亲留给她的，现在房价日高，但她不想卖，她想凭她以前的拼劲再出去搏一把。

她的文化不高，年纪也不算小，像她这样无钱无资历的女人想找个工作比登天还难。不得已，为了生存，她只好从最底层的超市销售员开始做起。为了多挣钱，她主动承担了夜班的工作，因为夜班有额外的加班费，但要晚上12时才能回家，反正家里已经没有人等她，守着空房子还不如出去奔忙，晚点回家无所谓。

她家住得比较偏僻，晚上12时后除了出租车，没有可以直达的公共汽车，还要走一条长长的没有路灯的小街巷。每天晚上她走这条路都是一路小跑，东张西望，生怕黑暗处会蹿出人来。这条路以前发生过杀人劫色的事，她天天提心吊胆。想想以前，每次她晚上到家之前都要给丈夫打电话，丈夫的工作时间比较稳定，一般晚上不会加夜班，到了巷口她都能看到他的身影，由他相伴她一点也不害怕。现在他离开了，她这才意识到一个女人缺少男人的保护是多么的凄凉。

躺在宽大柔软的床上，望着空荡荡的房间，昔日的一幕幕浮现在眼前。她很想他们，但她是好强的，当初是丈夫先提出离婚，她低不下这个头。她只有捧着儿子的照片默默地流泪，看着照片上丈夫一脸灿烂的笑脸，她的心里不知是爱还是恨。

（2）

她每天继续拼命地工作。一天下班后，她正准备赶往离家最近的9路车站，一辆红色的出租车停在了她面前："嘿，上车吧，正好带你一路。"她抬起头，居然是王伟，他是她丈夫以前的同学，平时和他们交往不是很多。

她很不好意思，说实话，她连打车的钱都付不起，她正迟疑时，王伟已经主动把车门拉开了："进来吧，我送你到家门口。"

她推脱不掉，硬着头皮上了车。穿过那段长长的街道，王伟径直把她送到了家门口。下车时，她急忙掏钱，王伟摇头说："我也是顺路而已，我家就住在附近，正好现在是收工时间，你算搭了个便车吧，我可不能收你的钱。"

看着王伟远去的车影，她莫名地有些慌乱。她知道王伟是个离异男人，一个人孤独地过着日子，她总觉得他的"好心"里有暧昧的味道。

接下来的事情就更让她怀疑王伟的动机了。他不论刮风下雨每天都会在晚上12时左右在超市门口等她。他们还互留了手机号码，有时他有客人晚来一会儿，都会打电话通知她等他，他们之间有了一种默契。

一个离婚的女人太渴望爱情的滋润了，慢慢地，她发现自己离不开王伟了，但又觉得是自己一厢情愿。因为，王伟除了每天晚上接她外，对她的态度不冷不热，在车里也极少和她交谈。到了地方，也从没提出到她家里坐坐的要求。有一次，她试探地邀请他，他推说时间太晚要回家睡觉。

正在她对王伟做着白日梦时，一天她上街，发现一个女人挽着他的胳膊在逛街，两个人的样子俨然是一对情侣，当时她的心一下跌落到谷底，王伟有女朋友了吗？这一天，她过得昏昏沉沉，竟然有一种失恋的惆怅。晚上，王伟照常来接她。她坐在后面的车座上观察他许久，这样一个老实忠厚、踏踏实实的男人不正是她值得托付的人吗？

她在心里默默地给自己鼓劲，快到她家时，她装作若无其事地对王伟说："你接我这么长时间了，也不收钱，我请你到外面吃点东西，正好我也饿了。"

王伟还是原来的话："太晚了，要回家休息。"世上居然有这样的男人，她不甘心，指着路边一家小餐馆："就去那里吧，你要是不让我请客，以后我再也不坐你的车了。"

无奈，王伟只好随她进了那家小餐馆，老板要打烊了，她点了两碗简便易熟的馄饨。

她和王伟面对面坐着，她极力掩饰内心的不安，用打趣的语气说："白天我看到你和一个女人手挽手逛街，她是你的女朋友？"

"不是，是我老婆。"王伟一点也不避讳，令她的心回到冰河时代。

他们刚结婚不久，王伟每天晚上12时都要准时回家，因为他妻子已经怀孕三个月了。

（3）

知道了真相，那碗其实味道不错的馄饨吃进她嘴里如同嚼蜡。重新回到车里，她掏出了身上仅有的300元钱，往车玻璃前一放："多谢你这段时间一直帮我，这点钱给你妻子买些孕期滋补品吧。"她骨子里还是很自尊的。

王伟依旧是那么木讷："我不能要你的钱，这是我应该做的。"

她默默地坐着，等到了家，车还没停稳，她下车就走，王伟紧走两步上来："我们都是朋友，顺路接你，怎么能收你的钱呢？"

看着她茫然的眼神，王伟咽了口痰说："实话告诉你吧，我每天晚上接你是受人之托，他说你下班晚，这条路不安全，叫我专门接你，他已经提前给过我钱了。"

她愣住了，脑海里突然闪现出一个熟悉的面孔。

"我不能告诉你他是谁，他不让我说。"王伟认死理。

她的好奇心被勾起来："你要是不说，我就再也不坐你的车了。"

王伟是个老实人，无可奈何地说："还能有谁？亮哥啊。"

亮哥就是她的前夫，她愣在原地半天没有动弹，虽然有些预感，但真的听到了真相，她还是震惊了。

王伟看着她，说："其实，我一直认为这条路还是由他接你比较好，你说是吗？"

她没有说什么，只是淡淡地说了声"谢谢"。这声"谢谢"不知道是说给王伟的，还是说给那个她爱过恨过的男人的。回到家里，看着照片中丈夫孩子曾经快乐幸福的笑脸，仿佛他们又回来了。世上最可贵的不是恩爱时的深情，而是分手后还保留的那份牵挂。

她想，她应该丢掉所谓的自尊，主动去找前夫。

妙语人生

一个人的一生中有太多匆匆的过客，可是总有那么几个人会在你的记忆中定格。在这几个人中，有你的父母，你的朋友，你的爱人。父母会呵护你，朋友会关心你，而爱人则会陪伴你，一直走完这一程，直到永远！

我和你相守、相依、相爱，生死不移，穿过悲和喜，跨过天和地。我和你永不分离，千千万万世纪，爱是永恒，因为爱的是你！

错过，是因为不爱

有种人很可恨，他让你相信你是根葱，可真要炒菜炝锅时，他却没有用你。

杨然是在思雨正享受着被追求的乐趣时突然撤退的。攻势那么猛，送花、约会、大老远跑到思雨的老家去采一把她想吃的野菜，任是铁石心肠的女孩也会答应下来。

思雨当然不是铁石心肠，她早就想答应了，只不过，她想略略矜持一下，找个合适的机会。轻易得手，男人会不珍惜。

可是，思雨这还拿捏着分寸，做傲慢与偏见状，那边煮熟的鸭子飞了。没了花，没了电话，甚至QQ里面杨然的头像都是黑的。

女人是沉不住气的，思雨一遍遍在心里反省自己的态度，是不是过于冷淡让杨然看不到希望了？不会呀，上个星期不还手工拼了一幅壁挂送给他吗？女孩子亲手缝的礼物，在这时代是多难得的啊！杨然不也是这样说的吗？

思雨深呼吸了一下，电话打了过去。口气是冷淡的，他说，哦，最近忙，我们回头再联络。

放下电话，思雨的心里空了一半。她很想问问怎么了，可是怎么问呢，两个人并没有什么特殊的关系，现在也不过是一样，你急急地问是什么意思呢？

李佳在网上，思雨百无聊赖，想起她前一段应聘来着，便问了一句，她说还顺利，找到了工作，再无话。

临下班时，思雨还是没忍住，给杨然发了个短信：有什么事吗？手机一直寂寂无声。直到晚上，思雨洗完澡出来，一条短信趴在了她的手机里。

他说：我想我们还不是很了解，之前让你误会，不好意思。

思雨呆呆地坐在床沿，无缘无故遭遇退票，胸口像被人敲了一闷棍。吃了哑巴亏，怎么说出口呢？能去骂杨然一句：你招惹我，我爱上你，你却跑了，有这么玩人的吗？能吗？

思雨是婉约风格，她做不出。做不出，就只好不了了之。

这种人太可恨了，他让你相信你是根葱，可真要炒菜炝锅时，他却没有用你。

夏天来时，思雨一个人去看了张学友的演唱会，听张学友唱《心如刀割》，思雨泪流满面。

旁边有个大男孩莫名其妙地看思雨，嘟囔了一句，掏出纸巾递给思雨。

杨然喜欢张学友，思雨从前不喜欢，不喜欢男人那么搞怪，不喜欢他夸张的笑脸，还有总也站不稳的样子。于是杨然把耳塞放进思雨的耳朵里，就是这首《爱是永恒》，思雨听了，慢慢喜欢上，从前讨厌的变成了真性情。人就是这样，喜欢了，就怎么样都好了。

分开那么久，思雨还是会想那次突如其来的切割。不能叫分手，因为两人从没确立过恋人关系。不过是一个追，一个抿着嘴微笑。心里有，眼里有，口里没有。差了口里这一句承诺，他抽身而去，连个解释都不需要。

悬案悬而未决，思雨生了一场病。一个人生病，一个人吃药，一个人慢慢好起来。好起来时，她身边站了个大男孩，就是演唱会递她纸巾的那个，他叫小宁，他说：你真特别，看张学友都会哭。思雨微微地笑了笑。

小宁在附近的大学里做助教。每天背着大背包骑着自行车匆匆忙忙，小宁会讲网上流行的段子，会找来稀奇古怪的小东西逗思雨笑。他说："你笑起来好看，小酒窝能迷死人。"他就唱林俊杰和蔡卓妍的《小酒窝》，小宁喜欢林俊杰。

某一个中午，他们坐在公园的长凳上，思雨抱住小宁，阳光穿过柳树的缝隙落到他们身上，暖暖地，思雨问："喜欢我吗？"

这断不是思雨能说出来的话，但是她说了。哪怕只是一时的陪伴，哪怕只是贪恋一点点温暖，她都不愿意放弃。

小宁几乎立刻就点了头。思雨长长地舒了口气，这样说了，将来即使分手，他也要给她一个交代了吧?

爱情这回事没那么复杂，一个人退场了，另一个补上来，依旧是从前的戏码，并没有多少不快乐。没有人看到思雨心里的挣扎，也没有人看到思雨脸上的悲伤，静水无波，一切仿佛从未发生过。

逛街时遇到李佳，聊了几句，她居然在杨然的公司上班了，她说：你跟杨然不是有点意思吗，后来怎么不了了之了?

思雨的目光移向大幅广告牌，她说：我去看看那款手机，他生日快到了。

还能说什么呢？不是还有多爱，只是有些不甘心吧?

公司有些业务要与杨然公司接洽。于是思雨跟杨然坐在了咖啡厅的一角。这里他们从前来过。离思雨的公司近，杨然说可以省得美女受日晒之苦。他细微处的体贴总是让女孩们念念不忘吧！

谈完正经事，思雨说："我有个朋友在你公司做事，李佳，她还好吗？"

杨然抬起头，看了思雨一眼，他说："嗯，还好！当初她来应聘，跟我说了你呢！"

思雨一愣，打着她的旗号去应聘的，李佳怎么没提。

杨然后面的话让思雨更差点把一口茶喷出来。他说："后来，她给我看了她跟你和你先生的照片……那时我还……”

思雨努力让自己的脑子快速转起来，我跟我先生？

思雨的眼睛变成了利剑：“你觉得我欺骗了你？然后你就断了我们的联系？”

她的声音抖得厉害，如果我今天告诉你我没有先生，你会怎么想呢？

思雨起身抓起包往外走。

风很大，她的头发被撕扯得很乱。她翻手机里的电话簿，怎么也找不到李佳的电话。

还是找到共同的朋友约了李佳出来。思雨很想一杯水泼到她的脸上。但是她忍住了。她问：“为什么破坏我跟杨然？”

李佳拿出了一根烟，手有些抖。她说：“思雨，也许你不记得了，某一晚，我跟你说过我的那些事。我害怕你跟杨然说，你也知道现在经济不景气，工作不好找，所以，我先下手为强。其实，我只是不经意把那照片给杨然看了一下……”

思雨的脑子轰地炸开了。李佳的那些事儿？什么事儿？

哦，想起来了，李佳在原来那家公司业绩突出，本来有机会升职，可不想来了裙带关系，她只能给新人继续当牛做马。李佳很气愤，先出卖了公司秘密，后拉上司下水……李佳打包从广州来深圳，希望重新做人。女人总是守不住秘密的，某一天晚上，把这些事通通倒给思雨，女人都是八卦的，恋爱中的女人什么不会跟男人说啊！万一你说了，杨然会用我这种人吗？退一万步讲，杨然肯用，你会让拉上司下水的女人待在杨然身边吗？

思雨一脚深一脚浅地走回家，一句话不说躺倒在床上，手脚冰冷。

电话响了很久，思雨才起身接。她说：“小宁，我想吃碗热米线。越热越好。”

门铃响了，拉开门，进来的居然是杨然。他提着米线的袋子。思雨愣在那儿，原来刚才那电话是他打来的。

杨然放下米线，紧紧地把思雨抱在怀里。他哽咽着说："对不起，思雨，我们可以重新开始。"

真的可以重新开始吗？从思雨知道李佳从中作梗后就在想这件事。耳朵宛若贝壳，想听什么我们做不了主，但是，相信什么，或者听到了，去求证一下，我们完全能够做得到。错过，是因为爱得不够。爱情是不能三思的，三思的结果只能是放弃。

思雨拍了拍他的肩膀。她说："或者，就是没有李佳，我们也会有分手的那一天。"

电话响了，小宁叫思雨赶紧打扮一下，他带她去看林俊杰的演唱会，他在电话那边还嚷："我生日了，你给我准备什么了啊？"

思雨不会再为一个男人用布拼一幅壁挂，那样的迷恋与小心思一生只能有一次。她给小宁买了一款新手机，她想告诉他，无论听到什么话，都要讲给她听，不要听信耳朵，嘴除了接吻，还可以沟通……

妙语人生

每个人的生命里，都会遇到不少人，各种性格，各种不同的人，有几个是你的知音呢？有几个是深爱自己的人？又有几个是你深爱的呢？与其众里寻求千百万，不如疼惜眼前人。

那一场致命的爱

昏暗的灯光下，独自坐在电脑前，听着First Love，流着泪，记录那一段爱情故事。

威是在叶子17岁生日的时候认识她的，叶子的同学强是威的好朋友，强把威介绍给叶子认识。

缘分，让威和叶子走到了一起……

回学校的那段日子，威天天都会给叶子发短信，关心，问候，谁都看得出来，威爱上叶子了，终于，他们在一起了，叶子是第一次交男朋友。她说，你以前有过女朋友吗？威回答，有啊，但是都是好玩的。叶子很失望，但是，她爱威，比威爱她更爱，不知道为什么，叶子第一次陷进去了，她相信，自己会改变威。威也说，会为了叶子改变，不抽烟、不打架。

叶子平常很听话，成绩也很好，所以，爸爸、妈妈、老师都很喜欢她。

威和叶子只有每个周六、周日能见面，平时他们都要上课，威在西边，叶子在东边。

周末，好热的天气，威说，叶子，来我叔叔家吃西瓜吧，我叔叔家种了好多西瓜，你想吃哪个就吃哪个。叶子答应了。

时间过得很快，威即将毕业，威想去参军，去西藏，威告诉叶子，等他三年，他会回来娶她，以后让她过好日子。可威不知道，叶子的心好痛，叶子只想威在她身边，叶子只想看着他，不想他去那么远的地方。看着威那么高兴，叶子强装微笑，鼓励着威，叶子说，要每个星期给我写信，不然，我会找到西藏去的！威抱着叶子，两个人哭在一起。

谁知道，事情总有不顺利的时候，威因为乙肝的原因没通过健康体检，去不了。叶子该很高兴的，可是看着威不高兴，叶子很心疼，抚摸着威的脸开玩笑地说，陪在我身边不好吗？我就想你在我身边！威淡淡地笑了，捏了一下叶子的脸蛋。

威去了成都，学开挖机，叶子和威只能每天每夜地思念，每天每夜用电话听彼此的声音。一次周末，叶子实在是想威了，第一次撒那么大的谎给妈妈说，妈妈，我有同学过生日，在成都，很久没见面了，所以一定要我去。叶子的妈妈给了叶子几百块钱，叶子去了成都。见到威的时候，叶子好想哭，因为威好像瘦了，但是看到威那么高兴，叶子又好开心。威带叶子去逛街，两个人很高兴地在一起待了一天，叶子就回家了。走的时候威对叶子说，毕业了到成都来吧，我们在一起，我会照顾你。坐在回家的车上，叶子做了个决定，过完这个年就去成都，和威一直在一起。

2008年，又是一年春天。

威回来了，是回来接叶子的，因为叶子坐车会晕车，又有那么多行李，威怕叶子搬不动。刚过完年叶子就很舍不得地离开了妈妈爸爸，和威一起，坐汽车去了成都。威把叶子带到他租的房子里，帮叶子整理好衣服，威的哥哥和姐姐做好饭，叫他们吃，那一刻，她觉得她找到了幸福，属于自己的幸福。

不久，叶子也开始工作了。

2月，叶子的生日到了，威给叶子过生日。威做了好多菜，不让叶子插手，说，你是寿星，别管了哦！来帮叶子过生日的朋友都说，好羡慕你们两个。

接下来的日子，威常常上通宵的班，很辛苦，有的时候半夜两点还赶回家。因为威说过，叶子，不管多晚，我都不会让你一个人在家忍受寂寞。叶子哭了，威就用嘴巴不停地吻叶子的眼睛，轻轻拍叶子的背，说，乖，我答应你的都会做到的。

这段时间，叶子感觉不是很舒服，一直都反胃，又特别喜欢吃酸的、甜的。叶子告诉威："威，怎么办，我们肯定是有小宝宝了。"威很吃惊，不知道是高兴还是难过，但是威还是给叶子买了好多叶子这时候想吃的东西。为了确认，晚上洗澡的时候，威给叶子买了试纸，叶子祈祷自己没有宝宝，因为叶子不想做不负责任的妈妈。但是，试纸显示阳性，叶子好难受，好难受。

冬天，好像一直都在。

威问了家医院，准备什么时候带叶子去拿掉宝宝，叶子是舍不得的。威叫叶子辞掉了工作，在家待着，威每天都要工作，叶子每天一个人，在家闷得好难受，一会哭，一会睡着，一会又醒，醒了就想找威，可是威要上班，叶子承受很多，叶子快要死掉了，威不知道。因为每次威回来的时候叶子都很高兴，根本不想责怪他，只想靠在威的肩膀上，那么踏实。

威一直都没有休息的时间，又是一整天的工作，叶子觉得不能再拖下去了，拼命地打电话给威，叫他回来陪她一起去医院。可威说，叫小洁陪你去吧，我实在是走不开。那一刻，叶子的心碎了，几乎是吼着叫威回来的。威回来的时候，一直不理叶子，不和叶子说话，就连等车去医院的时候都站得远远的。叶子靠在街道边的树上，泪一直流，叶子在想，威，我的幸福不是你吗？失去宝宝后就要失去你吗？你，难道不心疼这个宝宝吗？

等了好久，一直没车，威叫了个摩托车，叶子坐在后面。她在想，威难道真的不在乎她吗？为了威，叶子可以忍受这么多，可威，在叶子打掉宝宝之前连一句安慰的话都没有。叶子坐在摩托车后面，风肆无忌惮地吹着叶子，叶子清醒了，自己一直在争取和维持的幸福原来不过如此，甚至在叶子进手术室之前连一句鼓励的话都没有，威，不知道叶子在进手术室的时候有多害怕，有多害怕！

叶子醒的时候，威在叶子旁边，流泪，就算是这样，叶子还是很心疼威，叫威不哭，宝宝没有了，叶子觉得很冷，这个冬天，来的好早。走出医院的时候碰见医生，叶子以为威会问医生叶子回家后要注意些什么，可是威没有，是叶子自己问的，当时叶子在想，医生们会怎样看我，有这样一个威。

没有宝宝的第三天，叶子离开了威那里，去了另一个地方上班，叶子想忘掉这一段。上班，很开心，同事们很照顾叶子，而后，叶子遇到了瑞，瑞是叶子单位的经理，属于很容易谈心的一类，单位上很多姐妹都喜欢和他交谈，包括保洁大姐，当然，也包括叶子。和瑞很熟以后叶子把她和威的故事告诉了瑞，瑞很吃惊，觉得叶子很坚强，很值得同情，也很值得珍惜。

梦，让一切破碎。

回到单位上，每晚，叶子都会做同样的梦，好可爱的宝宝叫叶子妈妈，但是瞬间又消失，叶子一次次在梦中哭泣，一次次哭醒。叶子要彻底摆脱，叶子想，是该重新开始的时候了，再怎么努力，一个人的努力是不够的。6月，再次和瑞交谈的时候，叶子选择了瑞，但是叶子告诉瑞，我不会再相信爱。瑞还是把浑身是伤的叶子捡了起来，瑞的勇气，是要让叶子重新拥有幸福。

叶子找到威，说，我们分手吧，什么都过去了，我会幸福，也请你放下，祝你幸福！叶子的泪那么酸地流下来，威不懂，永远都不会懂，威说，你和他在一起了？我退出。

叶子从威那走的时候，边哭边笑，或许，这就是给叶子的作弄吧！叶子放不下，她放不下他，这段感情从一开始就是叶子在争取，一直都是叶子在找威，一直都是叶子在努力，叶子一直在找威，叶子再一次找到威的时候，威告诉叶子一件叶子从来不知道的事情，威的第一次给的是另一个女生，那个女生在叶子之前。哈哈哈哈，真可笑，叶子觉得自己真可笑，可笑的不是威的第一次给了谁，可笑的是从一开始就被威骗，自己还那么努力地维系这份爱，不，能算爱吗？为了威，叶子付出的，是别人做不到的。这一次，叶子不能再等威了，也不能再被这份爱困着了。原来，一直对这份情纠缠不清的是叶子，也只有叶子。

现在，叶子，天天哭，天天对着一张照片哭。被瑞看到，瑞会心疼，也会吃醋，但是瑞从来不责怪叶子，因为瑞知道，叶子，需要时间，叶子，只是曾经爱错了，叶子，值得他珍惜。

妙语人生

如果把“真爱”比作一块非常光滑的布，表面上看是非常华丽的，可当你仔细观察，却发现漏洞百出！你会发现上面有很多细细的小孔，可谓是千疮百孔！当你以为“真爱”来临的时候，细细一想，却发现这只不过是你的一时冲动吧。再好的布，再好的料子，都会随着时间的推移而经不起考验，慢慢地老化。如果把它运用到“真爱”里，不就是这样吗？

以爱为圆心，宽容为半径

当我们发现周围的一切是那样的索然无味的时候，是因为我们将那双善于发现美的眼睛给隐藏了，带着一颗感恩的心去看周围的一切，是那样的美好。日出日落，花谢花开，春来鸟语花香，夏至荷叶满塘，秋到枫舞红叶，冬有素裹银装，我们还有什么不知足的呢？

“以爱为圆心，宽容为半径”在自己的心中画一个圆，用自己的爱把周围的亲人、朋友都包容进来。那样，你的每一天都会很开心，你的生活会更加丰富多彩。快乐本身就无所谓得到多少，而在于自己计较的多少。

每天都问一下自己：今天的你，是不是很快乐呢？

阳光总在风雨后

既然改变不了现状，不如慢慢去接受它，从另一个角度来对待它。成功的路上往往会有困难和挫折，只要你能乐观地对待。那么成功终究会来叩响你的门，就像《水手》里所唱的：他说风雨中那点痛算什么，擦干泪，不要问，为什么！

人在改变现在的过程中，常常感觉过去的失败和成功与自己是如何的格格不入，这时候，你的抱怨是无济于事的，抱怨过后什么都改变不了。

燕雀、荆棘和海鸥听说大海是个广阔的市场，到那里的人们都能挣到很多钱，于是它们决定一起去闯荡一番。

燕雀变卖了所有的家当，又四处奔波，东挪西借，凑到一笔本钱带上了；荆棘想做服装生意，于是进了各式各样的衣服；海鸥想："海上的人食物很单调，我就贩卖罐头吧，不会变质，肯定受欢迎。"它们怀着各自美好的梦想上船了。

但是，它们的美梦很快就泡汤了，一场突如其来的暴风骤雨把它们的船打翻了，燕雀装本钱的箱子，还有荆棘和海鸥的货物全都沉到了海底。唯一幸运的是，它们三个都平平安安地回到了陆地上。

燕雀垂头丧气，担心遇到债主，白天就躲藏起来，到了夜深人静的时候才谨慎地出来觅食。荆棘一直在想，说不定自己的衣服被海上的人捡到了穿在身上，于是派它的亲戚朋友站在路边，有人路过就拉住别人不放，看看究竟是不是自己的衣服。海鸥也心有不甘，整天在海上盘旋，琢磨着罐头可能会沉到什么地方，时不时潜下水去寻找。

它们一直都这样，以至于它们的后代还在不停地逃避和寻找失去的东西。

其实，痛苦挥之不去就把它忘记，现在正是工作学习的好时机；痛楚无法摆脱就把它淡化，现在正有高兴快乐的好景色；挫折挡住去路就把它打败，现在正是展示才华的好机会……

为什么天天没精打采地去工作，为什么天天看不到灿烂的太阳，为什么天天找不到忙碌的理由……

现在不是萎靡颓废的时候，不是抱怨后悔的时候，更不是迷茫的时候。硬着头皮去工作，怎么能够进入良好的工作境界呢？

1912年，24岁的卡耐基不无悲哀地放弃了演艺生涯，流落在曼哈顿街头。他无数次地问自己，我的前途在哪里？我的希望在哪里？我热烈憧憬充满活力的人生在哪里？为自己轻蔑的工作而起早贪黑地忙碌，住在与蟑螂为伍的陋室，吃着简单粗陋的食物，这就是我的人生吗？他找不到出路，看不到希望，忧虑和烦恼使他患了偏头痛的病，他无所适从，痛苦难耐。

一天，他偶然在“商联会”大厦前遇到一位左手齐腕切断的年轻人，同情和怜悯使他走过去，和小伙子攀谈起来。小伙子十分乐观地告诉卡耐基，他的手是被轧钢机轧断的，手虽然没有了，可是命还在呀！卡耐基问他生活是否困难，是否经常被烦恼所困扰。小伙子笑了笑，说：“不会的。我早就忘了这件事了。只是在缝衣服的时候，才会想起自己少了一只左手。”短短的几句话，却深深打动了卡耐基的心，并使他受到启发：一个人在不得已时，不论什么状态都要接受它；至于已经过去的事，多想也没有用，只能尽快忘掉它。

他开始寻找自己烦恼的原因：疲惫不堪和工作了无兴趣，导致推销工作失败；大学期间的辉煌之梦被现实生活击碎，舞台生涯的彻底失败和生活的四处奔波……新的忧郁和旧的烦恼像不停滴落的水滴，不断地滴下来……使他痛苦不堪，几乎要到精神崩溃的边缘。卡耐基扪心自问：我日夜忧虑，对目前的困境究竟有什么益处呢？想到此，他一骨碌爬起来，拿出纸和笔，在简陋的书桌上梳理自己的人生。他在白纸上写出这样几个问题：

过去已经逝去，未来尚未可知，你想生活在昨天、今天还是明天？

令我烦恼和忧虑的问题究竟是什么？有什么万全的应对之策？

如果把忧虑的时间用来行动，我会得到什么？我的梦想是什么？

卡耐基就这样不断地追问自己，写呀画呀，画呀写呀。当黎明来临的时候，一丝曙光也照亮了他的心。

卡耐基就是用这种方法，顺利度过了彷徨苦闷的时期，迎来了创立自己事业的新起点。

面对生活中的种种困境，人生中的种种不如意，至关重要的是改变心态，正视现实中的困难和挑战，不能盲目地自我设置障碍。认真分析自己的真实情况，抛开忧虑和烦恼，毅然舍弃旧有的东西，振作精神，准备迎接新的战斗。

妙语人生

过去只是一种人生经历，而不应该把它当成一种负担。

开心是一天，不开心也是一天，为什么不能天天开心呢？

每天早晨灿烂的阳光，每天傍晚绚丽的晚霞，都是一天生活最好的开始和结束，而这一天中的酸甜苦辣，就是对这些美景的最好的点缀。把之前的不愉快播撒在阳光和晚霞当中，它们不会影响到那些美好的景色，相反，有了这些点缀，阳光和晚霞会显得更加灿烂和柔美！

迷信梦的人

随着岁月的流逝我们逐渐长大，但我们的双眼也渐渐被世俗的尘埃所蒙蔽。身处名利场的我们，甚至对任何人的话语都会产生怀疑，岂不知一声诚恳的问候，一句简单的关心，都是朋友真心的体现，当我们抛开名利，听着这些温暖的话语，就会有一种如沐春风的感觉，这种感觉你或许已经好久未曾有过。那么，抽出几分钟的时间，给远方的朋友带一声真挚的问候，让彼此都知道一切安好！

李林刚要出门，接到一个电话："李林啊，我是赵鹏。……好，我马上就过来。"

李林想："和赵鹏这么多年没联系了，自己刚升职，莫不是……"

门铃响了，门开处，伸进一个乱蓬蓬的脑袋，一只黑色的塑料袋子"嗵"地放在地板上。

李林说："是赵鹏啊，快请进。"

坐在沙发上，李林递烟给赵鹏。赵鹏抽出一支，凑在鼻子上闻闻，说："李林，你混得不错啊。"

"听说你要来，特地去超市买的。"李林用打火机给他点烟。

赵鹏嘻嘻一笑，放下烟，说："那么破费干吗？我早戒了，那东西耗钱。"

李林说："那就吃些水果吧。"

赵鹏也不客气，抓了个苹果，边吃边环顾房子，说："你这房子够气派啊。"

李林说："我是'负翁'一个，现在每月还在还房贷呢。"

赵鹏说："你们夫妻俩都是白领阶层，这钱来得容易，债也还得快。

哪像我们，能吃饱饭，不生病，孩子上得起学，就算得上大吉了。”

李林想，这像是要借钱的开场白吧。他说：“是啊，现在，谁都活得不容易。”

赵鹏说：“你真是身在福中不知福。我打小就知道，你将来肯定比我活得有出息。”

李林说：“哪里哪里，也是混口饭吃吧。”

赵鹏正色道：“你这样说就不对了，人要知足，对吧？”然后，又开起玩笑，“你可不要犯错误啊。”

两人聊起童年时的事儿，说到小时候的邻居谁离婚了，谁出国了，谁还是那么一副臭脾气，一聊聊到快中午，赵鹏还是没说他来的目的。

李林说：“赵鹏，咱们去外面馆子吃吧，边吃边聊。”

赵鹏说：“今天肯定不吃了，我答应老婆回家吃饭的。”仍然继续刚才的话题。

李林见他一直不提正事，又没有走的意思，想到自己下午还有个会，又不好意思催促，心里有些七上八下起来，心想可能赵鹏不好意思自己提出来，便说：“赵鹏，你还在摆地摊吗？不如找个固定的工作，做保安什么的，收入也比那强啊。”

赵鹏说：“我不喜欢做保安，我倒是想过自己租个门面，这样总比被城管赶来赶去强。”

李林说：“城管大队的人我倒是认识，你今后有什么麻烦的话，我可以帮忙。”

赵鹏拍了一下李林的肩膀，说：“兄弟，有你这句话，说明我没有白惦记你。10多年了啊，你还是这般热心肠。好，我高兴，真是高兴啊。”边说边站了起来。

李林说：“吃了饭再走。”

“老婆还在家等着我呢。好，我走了啊。”

听着赵鹏“嗵嗵”的脚步声一路下去，李林低头看了看地板上的黑袋子，打开来一看，原来是自己小时候最喜欢吃的鱼子干。

李林不知说啥好，忽然觉得自己特俗。

楼梯口又传来“嗵嗵”的脚步声，好像是赵鹏的。李林想：可能刚才他没勇气说出口，就冲这一袋子鱼子干，不管他提啥要求，自己一定想办法。

打开门，果然是赵鹏，尴尬的脸上都是亮晶晶的汗珠。他不好意思地说：“你们这个小区像个迷宫，我绕来绕去总找不到大门。”

李林说：“瞧我这粗心，应该陪你下楼去的。”说着，便和赵鹏下了楼。走到楼下，赵鹏去开自行车锁，那辆车和赵鹏一般灰不溜秋、蓬头垢面。

李林问：“你是骑车来的？”他知道赵鹏住在西城，从那骑车到他这儿，起码要一个小时。

赵鹏说：“是啊，骑惯了。”

李林说：“赵鹏，你有啥困难只管开口，我能帮的一定帮你。”

赵鹏说：“没啥事，就想来看看你。”

李林说：“多年咱都没联系了，你今天上门一定有事。你只管说，别开不了口。”

赵鹏看看李林，似下了决心说：“我说出来你可别生气。”

见李林点头，赵鹏说：“我昨晚做了一个梦，梦见你得了重病，很多人都围着你哭。这一醒来，我心里就七上八下的，连地摊都不想摆了。知道你混得好，我也不想打搅你了。可这梦搅得我难受，连我老婆都催我来看看你，看你气色这么好，我就放心了。唉，梦呗，我这人还真迷信。”

李林的眼睛红了，他一把抱住赵鹏，说：“兄弟。”

妙语人生

有人这样说：朋友是常常想起，是把关怀放在心里，把关注盛在眼底；朋友是相伴走过一段又一段的人生，携手共度一个又一个黄昏；是可以同甘共苦也可以风雨同舟，朋友是想起时平添喜悦，忆及时更多温柔。

“越长大越孤单，越长大越不安。”孤单是因为你把自己完全置身于熙熙攘攘的人流中，不安是由于每天的工作和生活压力让你喘不过气来。每天的生活都会让人觉得非常乏味，这个时候，你有没有想过去和身边的朋友喝喝茶、聊聊天，和他们在一起，或许不能排解你的烦恼，可是却能让你暂时忘却那些烦恼。过后能让你以一种积极的心态来去对待它，这何尝不是一种人生乐趣呢？

除掉心灵上的草

“天下熙熙，皆为利来；天下攘攘，皆为利往。”或许是我们太忙于自己的工作，或许是我们太计较个人的得失，其实我们不知，在这些工作和得失中间，我们已经慢慢在失去原本的纯真和善良。现在的我们是否在心中还为自己的善良留出一丝空间，让爱帮我们扫出心灵的垃圾呢？当这个空间越来越小，我们有一天终会认识到：不能只顾自己物质生活的富裕，而不去关注精神层面的贫乏，这样的话，我们只会越来越不开心。

一位哲学家带着他的一群学生去漫游世界，10年间，他们游历了所有的国家，拜访了所有有学问的人，现在他们回来了，个个满腹经纶。在进城之前，哲学家在郊外的一片草地上坐下来，对他的学生说：“10年游历，你们都已是饱学之士，现在学业就要结束了，我们上最后一课吧！”

弟子们围着哲学家坐了下来，哲学家问：“现在我们坐在什么地方？”弟子们答：“现在我们坐在旷野里。”哲学家又问：“旷野里长着什么？”弟子们说：“旷野里长满杂草。”

哲学家说：“对，旷野里长满杂草，现在我想知道的是如何除掉这些杂草。”弟子们非常惊愕，他们都没有想到，一直在探讨人生奥妙的哲学家，最后一课问的竟是这么简单的一个问题。

一个弟子首先开口说：“老师，只要有铲子就够了。”哲学家点点头。

另一个弟子接着说：“用火烧也是很好的一种办法。”哲学家微笑了一下，示意下一位。

第三个弟子说：“撒上石灰就会除掉所有的杂草。”

接着第四个弟子说：“斩草除根，只要把根挖出来就行了。”

等弟子们都讲完了，哲学家站了起来，说："课就上到这里了，你们回去后，按照各自的方法除去一片杂草，一年后再来相聚。"

一年后，他们都来了，不过原来相聚的地方已不再是杂草丛生，它变成了一片长满谷子的庄稼地。同样，要想让灵魂无纷扰，唯一的方法就是用美德去占据它。

美德是一杯香茗，是一杯美酒，是一朵芳香四溢的鲜花。美德可以让心灵摆脱痛苦，心灵被美德所占据，烦恼、纷争等便失去了生存的空间，欲望便会枯萎。幸福是美德所结出的硕果，拥有美德，便拥有幸福。

中华民族有许多传统美德，诸如：助人为乐、拾金不昧、安贫乐道等。助人为乐者，予人乐也予己乐，帮助困难中的人做一点力所能及的事情，过后看着别人那挂满笑的脸，自己心里何尝不是欣慰得很呢？拾金不昧者也是快乐的，捡到别人丢失的东西，如果占为己有，则会整天提心吊胆，总担心被别人认出来或是东窗事发，而这种私欲，要以长期甚至是终生忍受心灵的折磨为代价。相反，如果能拾金不昧，则会皆大欢喜。总之，只有拥有美德才能让烦恼无法接近，才能有一颗快乐的心。

苏东坡说："吾上可陪玉皇大帝，下可陪田卑院乞儿。眼前见得天下无一个不是好人！"美德是心灵的健康剂，它让人有一颗平常心，有一颗爱心。拥有了美德，我们便不会与人争名夺利，凭空与人起纷争，便不会为一丝小利而烦恼。美德本身就是报酬，它能给人们带来最高尚而真实的幸福，在美德的磨刀石上，我们爱心的刀刃会更加锋利。

妙语人生

天天都抱怨生活单调的人，是因为他们没有一双善于发现美的眼睛。在每天上班的时候看一下天空的蓝天，在忙碌的工作之余留心一下周围的变化，花开花谢，落叶，晚霞，都会成为让你心情愉悦的风景。

爱的“代价”

《圣经》中说：“爱是恒久忍耐，又是恩慈。爱是不嫉妒，爱是不自夸，不张狂，不做害羞的事，不求自己的益处，不轻易发怒，不计算人的恶，不喜欢不义，只喜欢真理。凡事包容，凡事相信，凡事盼望，凡事忍耐。”

爱是人生最值得珍藏的东西。每个人都渴望得到爱，没有爱，人就无法生存。外国有一句名言说，爱是万能的。的确，拥有了爱，便能拥有一切，包括财富和成功。

有这样一个故事：

一个人看见自家门口坐着三位陌生的老人，便上前同他们打招呼：“你们饿了吧，快进屋吃些东西，暖和一下吧！”

“你家男主人在吗？”老人们问道。

“他出去了，不妨事，你们进来吧！”女人说道。

“他不在，我们就不进去了，等他回来吧！”三位老人说。

晚上，丈夫回家后，女人把这件事告诉了他。丈夫说：“快去告诉他们，我回来了，请他们进来！”

于是，女人再次出去请三位老人进屋。可他们还是不肯进来。一位老人说：“我们不能一块进屋。”女人奇怪地问道：“为什么呢？”一位老人指着另外两个同伴说：“我们三个分别叫财富、成功和爱，我们只能一个到你们家去，你和家人商量一下，需要哪一个。”

无奈，女人只好又回屋请示丈夫，丈夫听后十分高兴，连忙说：“我们肯定要邀请财富老人啊，让他进来吧！”妻子则说：“为什么不邀请成功呢？”在一边一直保持沉默的儿子插话道：“为什么不请爱进来呢，那样我们家将会充满爱。”“那就听儿子的吧。”丈夫对妻子说。

就这样，女人出门把爱请了进来，可她回头一看，却发现另外两位老人也跟着进来了，她惊喜地问道：“你们怎么也跟着进来了啊？”老人们答道：“哪里有爱，哪里就有财富和成功！”

爱是美好的，但最伟大的爱是无私的，在渴望得到别人的爱的同时，也应该拥有一颗爱心，学会为别人付出爱。爱把宽容、温暖和幸福带给了亲人、朋友、家庭、社会和人类。当我们为别人付出一点爱的时候，自己也会得到爱的满足，能感受到真正的快乐，这种满足和快乐不会随着时间的流逝而波动，反而会在时间的酝酿中，越来越甜蜜，越来越醇厚。

一个诗人和女友出去散步，看见路边坐着一个乞讨的老妇人，好让人可怜。女友于是便想给她点钱，诗人对女友说：“更需要给她的心灵送点东西，而不是一丁半点的施舍。”女友感到不解。

第二天，诗人出去散步时，手上拿了一朵玫瑰花。当他走到老妇人面前时，弯下身子，双手把花送给了老妇人。老妇人站了起来，伸出双手，握住诗人的手，激动得半天说不出话来。接下来的几天，诗人和女友出去散步时，便没再看见老妇人。后来老妇人终于又回来了，和以前一样坐在那里乞讨。

女友问诗人道：“她前几天为什么没来啊，她怎么过日子啊？”诗人语重心长地答道：“玫瑰花。”

诗人送给老妇人的哪里是玫瑰花啊，分明是一颗热热的爱心，正是这颗爱心，让老妇人感到了人间的温暖，幸福地度过了好几天，因为诗人的爱而让她感到生命更加充实。

妙语人生

爱，其实很简单。一句温暖的话语，一个简单的问候，一声深深的祝福，都是爱的表达。我们把心给了别人，就收不回来了；别人又给了别人，爱便流通于世。在爱的大家庭里面，没有你我之分，没有地位之别，因为有爱，就有一切，在爱的面前，人人平等！

一碗拉面的幸福

每个人心中都有一块柔软的地方，在脑海中闪现某种事物的时候，心灵都会轻轻被触碰，不是忧伤的回忆，而是甜蜜的幸福。

女孩记忆里，深藏着一样她特别怀念的食物，虽然它和美味无关，却有一种复杂的情感在里边，还包容了两个人的心。

记得刚结婚那会儿，婆婆问女孩喜欢吃什么，她想了半天，念念不忘的还是原来那碗杂烩拉面。说起那碗面时，平时沉默寡言的女孩，就再也收不住话头，脸上是一脸的向往。

因为跟母亲有关。

女孩记得，自己考上大学那年，就是母亲背着大包小包不远千里一路陪着来的。人生地不熟，好不容易找到学校，一切安排妥当，也到了晚上，母女俩拖着疲惫的步子在校门口踌躇半天，才走进一家兰州拉面馆喊了两碗三块钱的杂烩拉面。女孩当时是使劲地往碗里添萝卜干、榨菜、海带，然后呼啦啦地吃了个底朝天，汤都没剩。那是女孩第一次在外面吃“饭”，因为从小到大离家都近，她是饭盒不离身。后来从大学毕业直到上班，女孩一直只身在外，但吃的最多的也还是兰州杂烩拉面，它不仅便宜，而且榨菜还能自己添加，饱肚子。偶尔有了假期，母亲也会不远千里来看自己，母女俩手牵手在纸醉金迷的城市里，犹如过客一般，不厌其烦地从南逛到北，再从北逛到南，虽然什么都不买，但幸福洋溢在脸上。因为她们累了，就会找个兰州拉面馆一边歇息一边吃杂烩拉面。

后来，女孩想在南方扎根，工作越来越努力，陪母亲的时间也越来越少了。母亲学会了做拉面。那天她一进家门，母亲就把面端在桌上：

一根根面，不匀称，没颜色，也没佐料。虽然看起来毫无食欲，但女孩还是动了筷。她无力地在碗里翻着，心里不是滋味，独自在外的凄凉加上生活的拮据，委屈的眼泪溢出眼眶。但随着碗底出现煎蛋，接着又是花生米，还有她最爱吃的海带、萝卜干、酸豆角。为了自己，母亲学会了做拉面，还能切出细细的凉拌海带丝和萝卜条。要知道，平时忙里忙外的母亲压根没时间做细工慢活，菜也都是大块大根地就往锅里倒。就算跟着女孩来到城市，母亲依旧改不了她那火辣辣的粗人性子，但如今，想着厨房里忙碌的身影，女孩拥着母亲哭了，她说以后我给您开面馆。

可女孩终究是吃腻了那碗惊喜的拉面，她跟母亲说了多次佐料不要放在碗底。可第二天依然如此。后来，母亲回老家了。女孩心里责怪母亲，说母亲就是这样，如同那碗底的佐料一般，一辈子都不会改变，更不会体谅女儿工作的劳累和辛苦，也不会委屈着陪伴女儿。但女孩偶尔还是会独自抽空出去吃拉面，因为那总能让她回想起与母亲的点滴。

生日那天，工作一天的女孩早已忘记疲劳，但心底的凄冷占据了整颗心，脑海回想着那碗拉面和乡下沉默粗糙的母亲。家门口，徘徊半天她才按下门铃，正转身想走时，丈夫匆忙出来开门，女孩往里一看，餐桌上，瓶里的百合开得静好，惹眼的青花瓷碗里装着一碗拉面，上面满是佐料，有海带、萝卜干，还有花生米。红的、黄的、绿的，她看着心花怒放。婆婆站在一旁乐呵呵地朝着她笑，嘴里说着快尝尝，凉了就不好吃了。

女孩吃着面，穿越时光隧道，她忽然明白母亲和婆婆对自己是同样的关爱和心疼的，只是表达的方式不同而已。

两碗面就如两个人：婆婆直白，所以她的佐料全在面上，同时也告诉了女孩，爱就是要让人知道；而母亲呢？佐料全藏在碗底，如她的人一样，表面大方，手脚粗笨，但为人内敛，她的爱是藏在心里的，是好也不说，或许，这就是母亲想告诉女孩的爱了，爱是需要用心去挖掘的。

妙语人生

爱情是要用心去体会的。爱情是虔诚的精神之爱，是一种真实心灵碰撞，是一种完全的心灵欣赏，心灵愉悦。爱情只有灵魂愉悦，没有附加条件。爱情没有年龄和健康的障碍，没有地域的障碍，没有贫富和地位的比较，没有相貌的比较。谁能比较一个携青春美貌女友乘游轮周游世界的阿拉伯王子，与一个蹬着三轮车拉着年迈妻子逛街景的老头，哪一个更幸福呢？爱情就是真心相爱，是真爱。真爱，美好而圣洁。不是真心相爱，就不叫爱情。

没有不开心的事，只有不快乐的人

倘若你的心境因凡尘变得支离破碎，请别消极，请尝试站在新的角度，以一颗积极健全的心去对待生活中的点点滴滴。也只有这样，我们才能轻松、愉悦地走过人生的风风雨雨！

世界就是这样奇妙，同样一件事情，在不同人的眼中，会有不一样的见解。开心的人有乐观的见解，沮丧的人有悲观的看法。一件事情，两种结局。只因为心境的差别。

小李从小生活在一个环境很好的家庭，备受父母宠爱。后来考上了大学，读了一个自己喜欢的专业。毕业后也没费什么周折，就进了一家大型企业。那年，他才20岁，尚是一个毛头小伙子。

他满怀希望和信心地走上了工作岗位。然而，接下来的一切却让他始料未及：单位的人际关系非常复杂，而他却是那么单纯，甚至有些天真，他说话做事都率性而为，不懂得收敛。渐渐地，他听到了一些议论，说他年轻气盛，做事毛糙等。从小就养尊处优惯了的他，那一段日子很是沮丧。

他回家把在单位遇到的种种不愉快说给父亲听。他的父亲给他讲了一个故事：有一个人在一次车祸中不幸失去了双腿，那个人的朋友和亲戚都来慰问，表示了极大的同情。而他却回答道："这事的确很糟糕。但是，我却保存下了性命，并且我可以通过这件事认识到，原来活着是一件多么美好的事情——而以前我却从未这样清醒地认识过。现在，你们看，我不是一样顺畅地呼吸，一样欣赏天边的云朵和路边的野花？我失去的只是双腿，但却得到了比以前更加珍贵的生命。"

父亲说：“这个遭遇车祸的人是个智者，他知道失去了双腿是一件已经发生的事实，哪怕再痛苦也改变不了。所以，他换了一个角度，同样一件事情，他能够找到积极的那一面。”他的父亲顿了顿，接着说，“而你和同事之间相处得不愉快，作为一个刚刚走上社会的新人来说也是正常的。单位毕竟不是家庭，会有各种各样的矛盾。你应该换个角度，把这种不愉快看作是对自己的砥砺，通过这种磨炼使自己尽快成熟起来。从这个角度看，你现在所面临的境况，恰恰是你成长过程中的一笔财富。”

父亲的一番话让他豁然开朗。回到单位之后，每当再遇到不顺心的事情，他就想，换个角度，这是一件好事情，它至少说明我有不足甚至不对的地方，我得改正自己。如果确实不是他自己的问题，他也不再像以前那样气恼，而是想，换个角度，说明别人对我的要求比较高，我得加把劲儿。同样的一件事情，过去给他带来的是烦恼、苦闷，而现在带给他的，则是积极向上的动力。

有时绝望孕育着希望！失去意味着新收获的来临！当你面对生活中的不如意时，不要放弃，不要以为迎接自己的就是失去，要拿出自己的宽恕心态，也许换个角度，就跨越了得与失的界限。

酷夏，一位小和尚指着寺院的一片行将枯死的草地对师父说：“你看，这些草又干又黄，马上就要死了，这太有损我们寺院的美观了，我们应该在这儿再撒些草籽。”师父向他挥挥手说：“随时！”

许多天过去了，小和尚没得到师父的任何吩咐，他不禁暗自着急。他等呀等呀，终于熬到了中秋节。这天，师父交给他一包种子让他撒到草地里。小和尚非常高兴地拿着种子去撒。还没等他撒完，忽然间秋风四起，种子随风飘走了好多。小和尚大叫起来：“不好了，不好了，种子被风吹跑了。”“没关系，吹走的大多都是空的种子，种在地里也不会发芽的。”师父说，“随性！”

小和尚刚刚播完种，空中飞来了几只寻食的鸟，它们在草地上不停地啄着什么。“天哪，种子要被鸟儿吃光了，这可如何是好！”小和尚急得抓耳挠腮，惊慌不已。“没关系，种子多得很，吃不完！”师父说，“随遇！”

到了半夜里，老天突降一场倾盆大雨，把小和尚播种的草地冲得面目全非。第二天清早，小和尚飞一样地冲进禅房：“师父，全完了，种子都被暴雨冲走了！”师父微笑着说：“冲到哪里就在哪里发芽！随缘！”

六七天过去了，快要枯死的草地上竟然冒出了许多嫩绿的草芽，就连一些没有撒种的墙角也冒着绿绿的生机。小和尚高兴得直蹦。师父含笑点头：“随喜！”

面对同样的事情，不同的人的感悟是不一样的，幸福的人往往只记住生活中快乐的一面，而不幸的人则恰恰相反。让自己的眼睛随时都能观察到美好的事物，这何尝不是一种豁达、一种洒脱、一份人生的成熟呢？

妙语人生

天很蓝，花很香，微风惬意，鸟儿鸣唱，多么惬意的时光！只不过，在有些人的眼中，他们不会关心这些，对于工作生活中的一些得失会让他们长时间变得不开心，没有了欣赏这些景色的心情！俗话说：命里有时终须有，命里无时莫强求。该来的总会来，为什么不能换一个角度来看待这些得失呢。是时候该整理一下纷乱的思绪，是时候该给自己的心情放个假，是时候该出去享受一下属于自己的美好时光了！

幸福的“筹码”

有这样故事一个：终南山麓，水丰草美。在这一带出产一种快乐藤，凡是得到这种藤的人一定会喜形于色、笑逐颜开，不知烦恼为何物。曾经有一个人为了得到快乐，不惜跋千山涉万水，去找这种藤。不想他历尽千辛万苦来到终南山麓，虽然得到了这种藤，却仍然不快乐。这天晚上，他在山下一位老人屋中借宿，面对皎洁的月光，不由得慨然长叹。他问老人：“为什么我已经得到了快乐藤，却仍然不快乐？”老人一听乐了：“其实，快乐藤并非终南山才有，而是人人心中都有，只要你有快乐的根，无论走到天涯海角，都能够得到快乐。”

是啊！人生一世，草木一秋，能够快快乐乐开开心心地过一生，相信这是每个人心中的一个梦。雨果说：比海洋更广阔的是天空，比天空更广阔的是人的心灵。人心浩瀚，可以容纳许多东西，但如果我们的心灵总是被自私、贪婪、卑鄙、懒惰所笼罩，不论我们富甲天下或是位极至尊，也不可能求得快乐。但如果我们的心灵能不断得到坚忍、顽强、刻苦、淳朴之泉的灌溉，不论我们一贫如洗或是位卑如蚁，也可以求得快乐。

在短短的人生之旅中，人人都有所求。有的人求子孙满堂，即得满足；有的人求福如东海，深感幸福；有的人求无上智慧，最是得意；有的人求万事如意，甚为欢喜。如果就表面看来，他们所求各不相同，但万涓细流，汇聚成海，归根结底，他们所求的仍然是快乐。

心灵最柔弱也最细腻。如果你不懂得呵护自己的心灵，你就不可能求得快乐；而一旦你的心灵得到关爱，你就可获得无上快乐。说到底：内心的快乐才是永远。

假如你下决心使自己快乐，你就能够使自己快乐！快乐无需理由，它本身就是理由！快乐无须回报，它本身就是回报！

我国著名作曲家刘炽，《让我们荡起双桨》的作者。他曾经说过："忘记恩怨。十岁时的事情，三十岁回头再看全是笑话；三十岁时的事情，五十岁回头再看全是笑话；五十岁时的事情，七十岁回头再看，仍然是笑话。做人，快乐是最要紧的。我们不是缺少快乐而是缺少对快乐的发现和感受。"刘炽的豁达溢于言表，深深地震撼了人们。是的，我们太拘泥于一时一事，太在意成败得失，却忽视寻找其中的乐趣。回过头来想一想，一切犹如过眼云烟，功名利禄、成败得失，这些我们孜孜以求的、渴望可以为我们带来快乐幸福的东西，却是我们寻找快乐之道的绊脚石。

刘炽又讲了一则小故事：一群年轻人到处寻找快乐，但事不遂人愿，就向苏格拉底请教。苏格拉底要年轻人先帮他造一条船，于是年轻人暂时把寻找快乐的事儿放在一边，用了七七四十九天，造成了一条独木船。年轻人把老师请上船，一边合力荡桨，一边齐声唱起歌来。苏格拉底说："你们快乐吗？"年轻人齐声回答说："快乐极了！"苏格拉底帮这群年轻人寻到了快乐。

快乐的最高境界还不是能够发现快乐，而是能够创造快乐。在罗马尼亚，有一个许多人都喜欢去的墓地，因为这墓地里有许多快乐的文字。有一块墓碑上这样写着："广村中我最老，生平喜舞蹈，彼德兄弟俩，放声做伴唱……你们快来看看我，像我这样能够活到九十六，祝你比我活得老。"这样的墓志铭在这片墓地上很多，吸引了许多游客驻足。鲜有人迹的墓地成了游览景点，是墓地管理者始料不及的。而创造这些快乐的人活着时多是些农民、贫困者甚至是乞丐，他们生前为自己制造了快乐，死后又给世人带来了快乐。从前人们碰到一起，打招呼时就说："吃了吗？"后来改成了："你好！"今天相逢，在相当一部分人口中，又变成了："活得快乐点儿！”由物质到精神，关怀的内容发生了本质的变化。然而，快乐的理由呢？在对一些女士的调查中，所得到的回答差不多都是：“享受生活呀。”不同的是她们各有各自的理由。一位老太太，已老到走路不能自如的境地，还坚持在景山公园的台阶上，一级一级地往上蹭。她脸上阳光灿烂：“这是我每天最快乐的事呀。”一个女孩，整天忙碌在办公室，无非打印个文件，收收发发，很琐碎，往身后一看什么都留不下。可一到休息日，她就闲得忧郁，因而总深有感触地说：“工作能使我快乐。”一个操劳了一辈子的母亲，不穿金，不戴银，不吃补品，不当王母娘娘。每日依然辛劳不辍，她笑呵呵对人们说，全家平平安安比什么都让我快乐。一个下岗女工：“谁能给我一份工作，我可就乐死了。”一个小保姆：“主人家信任我，不见外，我就觉得快乐。”一个小女生：“哎呀呀，星期天早上能让我睡够了，最快乐！”生活是世界上最难的一道题，复杂得永远解不清。可是生活又简单得像一颗透明的水滴、一首诗、一支歌、一朵小花、一片绿叶、一只小动物……就能让我们快乐得如仙飘飘然起来，一直飘向天国。快乐是真实的，是发自内心的；除非获得你的允许，没有人能够令你苦恼。

你每天都应该记住：“快乐是你赠送给自己的礼物，不是圣诞节的点缀，而是整年的喜悦。”

传说在天堂上的某一天，上帝和天使们召开了一个头脑风暴会议。上帝说：“我要人类在付出一番努力之后才能找到幸福快乐，我们把人生幸福快乐的秘密藏在什么地方比较好呢？”

有一位天使说：“把它藏在高山上，这样人类肯定很难发现，非得付出很多努力不可。”

上帝听了摇摇头。

另一位天使说：“把它藏在大海深处，人们一定发现不了。”

上帝听了还是摇摇头。

又有一位天使说：“我看，还是把幸福快乐的秘密藏在人类的心中比较好，因为人们总是向外去寻找自己的幸福快乐，而从来没有人会想到在自己身上去挖掘这幸福快乐的秘密。”

上帝对这个答案非常满意。

从此，这幸福快乐的秘密就藏在了每个人的心中。

妙语人生

有一首歌里这样唱道：“快乐其实也没有什么道理，我告诉你！”是呀，快乐需要什么筹码呢？保持一个良好的心情，让每一天都成为开心的一天。在朝霞满天的清晨去爬山，在阳光灿烂的午后去散步，闲暇时约上三五好友喝酒、聊天，还有比这更惬意的事情吗？

没有阳光的时候，你自己就是阳光；没有快乐的时候，你自己就是快乐！人生的道路不可能都是一帆风顺的，就看自己如何把握了。

心如降落伞

美国有位名人曾经这样说："人的心如同降落伞一般，如果不张开，根本无法使用。"

平时的生活中总免不了会有一些不愉快的矛盾和争执，在这个时候，我们的心就要像张开的降落伞一般，用宽容和理解来对待别人。站在别人的角度来考虑问题，那么，对你而言，每一天的生活都是充满阳光的。

理解是什么？理解是人与人之间心灵间的沟通，是站在别人的角度看问题。理解使人际关系变得更融洽，使生活变得更美好。理解是一座舒心桥，因为有了它，社会少了许多争吵和误解。福特汽车公司创始人亨利·福特曾经说过："如果说成功有任何秘诀的话，那这个秘诀就是存有这样的能力：了解他人的观点，从你自己的角度看问题的同时，也从他人的角度看问题。"

事实上，我们常常忽视这一点，常常各持己见，互不宽容，结果产生了种种的冲突和矛盾，既影响了事业的进展，也破坏了一天的好心情。所以，要想让生活充满欢乐，要想成就一番事业，就应该学会理解别人，学会做出让步。只有对别人好，才能换得别人的理解。不能理解别人的结果就是苛求别人，这样的人会失去许多人生的挚友、事业的伙伴。

著名京剧表演艺术家梅兰芳先生，他的善解人意，就为他带来了白玉无瑕的美名。

抗战胜利后，在上海一家小报的广告中，出现了一条"艺人梅兰芳卖画"的字样，显然，是有人在冒梅兰芳之名赚钱。对这种恶劣行为，梅兰芳的朋友们都十分气愤，纷纷准备去那家小报兴师问罪，并准备找出那个冒名者，狠狠教训他一通。

梅兰芳却劝阻了他们，他对朋友们说，这个冒名者想赚钱不假，但通过卖画来赚钱，想必也是有点本事的，估计也是个读书人，只不过命运不济罢了。

朋友们从侧面了解了一下冒名者的来历，果然同梅兰芳所预料的一样。无独有偶，西班牙著名画家毕加索也有这样的宽大胸怀。

毕加索对冒充他作品的假画毫不在乎，从不追究，最多只是把伪造的签名除掉。有人不解地问他为什么这样，毕加索说："作假画的人不是穷画家就是老朋友，我是西班牙人，不能和老朋友为难，穷画家朋友们的日子也不好过。再说，那些鉴定真迹的专家们也要吃饭，那些假画使许多人有饭吃，而我也没有吃亏，为什么要追究呢？"

梅兰芳和毕加索都是伟大的，都是聪明的，正是他们的理解，才使许多人得以生存。他们没有因为理解、宽容别人而失去什么，反而让人更加敬重他们，而他们自己也获得一个好心情何乐而不为呢?

有一位很想成为富翁的青年，到处旅行流浪，辛苦地寻找着成为富翁的方法。几年过去了，他不但没有变成富翁，反而成为衣衫破烂的流浪汉。

观世音菩萨被他的虔诚感动了，就教他说："要成为富翁很简单，你从此以后，要珍惜你遇到的每一件东西、每一个人。并且为你遇见的人着想，布施给他。这样，你很快就会成为富翁了。"

青年听后高兴得不得了，就手舞足蹈地走出庙门。一不小心竟踢到石头绊倒在地上。当他爬起来的时候，发现手里沾了一根稻草，便小心翼翼地拿着稻草向前走。突然，他听见小孩号啕大哭的声音，走上前去。当小孩看见青年手上的稻草，立即好奇地停止了哭泣。那人就把稻草送给孩子，孩子高兴得笑起来。妇人非常感激，送给他三个橘子。

他拿着橘子继续上路，不久，看见一个布商蹲在地上喘气。他走上前去问道：“你为什么蹲在这里，有什么我可以帮忙吗？”布商说：“我口渴得连一步都走不动了。”青年说：“这些橘子就送给你解渴吧。”他把三个橘子全部送给布商。布商吃了橘子，精神立刻振作起来。为了答谢他，布商送给他一匹上好的绸缎。

青年拿着绸缎往前走，看到一匹马病倒在地上，骑马的人正在那里一筹莫展。他就征求马主人的同意，用那匹上好绸缎换那匹病马，马主人非常高兴地答应了。

他跑到小河边去提一桶水来给那匹马喝，没想到才一会儿，马就好起来了。原来马是因为口渴才倒在路上。

青年骑着马继续前进，在经过一家大宅院的门前时，突然跑出来一个老人拦住他，向他请求：“你这匹马，可不可以借给我呢？”

他就从马上跳下来，说：“好，就借给你吧！”

那老人说：“我是这大屋子的主人，现在我有紧急的事要出远门。等我回来还马时再重重地答谢你；如果我没有回来，这宅院和土地就送给你好了。你暂时住在这里，等我回来吧！”说完，就匆匆忙忙骑马走了。

青年在那座大庄园住了下来，等老人回来。没想到老人一去不回，他就成为庄园的主人，过着富裕的生活。这时他领悟道：“呀！我找了许多年能够成为富翁的方法，原来这样简单！”

妙语人生

其实快乐就在你的身边，等待你去发掘。为别人着想，其实就是快乐之本！没有什么能够比帮助别人更能让你感到快乐了。手把手将爱传递，是一件多么开心的事情！降落伞的人生，很幸福！

开满鲜花的人生

生活中，我们难免失去，如果失去什么之后，我们再失去快乐的心情，岂不是失去更多了?

第一个故事：

一个人坐在轮船的甲板上看报纸。突然一阵大风把他新买的帽子刮入大海中，只见他用手摸了一下头，看看正在飘落的帽子，又继续看起报纸来。另一个人大惑不解："先生，你的帽子被刮入大海了！""知道了，谢谢！"他仍继续读报。"可那帽子值几十美元呢！""是的，我正在考虑怎样省钱再买一顶呢！帽子丢了，我很心疼，可它还能回来吗？"说完那人又继续看起报纸来。

第二个故事：

一位70多岁的日本老先生，拿了一幅祖传古画上电视节目，要求宝物鉴定团的专家做鉴定。据老先生去世的父亲生前说，这幅画是名家所作，价值数千万。老先生自己不懂，因而想请专家加以鉴定。结果揭晓，专家认为它是赝品，连一万日元都不值，全场唏嘘……主持人问老先生："您一定很难过吧？"来自乡下的老先生脸上的线条变得无比的柔和和憨厚，微笑着说："啊，这样也好，不会有人来偷，我可以安心把它挂在客厅里了。"是啊，失去有时反而让我们得到了轻松！

的确，一切看开了，失去的已经失去，何必为之大惊小怪或耿耿于怀呢?

第三个故事：

小李的钱包被盗了，很让人心烦，不光是钱不见了，里面还有他的身份证，这让他愁眉不展，要知道他的户口在邢台，而他在北京打工，办身份证还要来回跑，挺麻烦的，以致这几天他心情都不好。

不过，这样的心情没有持续很久，一位朋友的话让他顿悟，心情也随之好转。朋友对他说："钱包已经不见了，你再怎么想，也不可能重新出现在你的面前。钱丢了事小，如果好心情没了，影响你的情绪，让你忧伤，让你不安，这会影响你的食欲，影响你的健康，就太不值得了。身份证办起来是很麻烦，却让你多回家几次，增加了与家人的沟通，这也是一件挺好的事情呀！"朋友的话让他反思了很久，如果换一个角度来思考问题，生活中又有什么让你感到烦恼的事情呢？

世事难以预料，倒霉和不幸的事谁也不想发生，但如果发生了，你应怎样去面对呢？生活的挫折和磨难来临时，我们应以一颗乐观、豁达、健康的平常心面对，这样生活会美好得多。

许多人都有过丢失某种重要或心爱之物的经历：比如不小心丢失了刚发的工资，最喜爱的自行车被盗了，相处了好几年的恋人拂袖而去了，等等。这些大都会在我们的心理上投下阴影，有时甚至因此而备受折磨。究其原因，就是我们没有调整心态去面对失去，没有从心理上承认失去，只沉湎于已不存在的东西，而没有想到去创造新的东西。人们安慰丢东西的人时常会说："旧的不去新的不来。"事实正是如此，与其为失去的自行车懊悔，不如考虑怎样才能再买一辆新的；与其对恋人向你"拜拜"而痛不欲生，不如振作起来，重新开始，去赢得新的爱情。

人世间就是有许许多多自己制造的烦恼。烦恼是很不讨人喜欢的词，因为它令我们感到无助、劳累。

人生总是在不断地失去和拥有。拥有快乐，失去烦恼；捡到幸福，丢掉悲伤。不管将来你要怎样选择，最重要的是自己能够开心地面对。

法国杰出作家罗曼·罗兰说得好，"一个人快乐与否，绝不依据获得了或失去了什么，而只能在于自身感觉怎样。"

有的人大富大贵，别人看他很幸福，可他自己身在福中不知福，心里老觉得不痛快；有的人，别人看他离幸福很远，他自己却时时与幸福邂逅。

有对下岗的年轻夫妇，在早市上摆个小摊，靠微薄的收入维持全家五口人的生活。这夫妇俩过去爱跳舞，现在没钱进舞厅，就在自家院子里打开收录机转悠起来。男的喜欢喂鸟，女的喜欢养花。下岗后，鸟笼里依旧传出悦耳动听的鸟鸣声；阳台上的花儿依旧鲜艳夺目。他俩下了岗，收入减少了许多，还乐个不停，邻居们都用惊异的目光看着他俩。

是的，我们虽然无法改变我们的境况，但我们可以改变自己的心态。没了工作不要紧，但不能没有快乐，如果连快乐都失去了，那活着还有什么意义。因为快乐是人天性的追求，开心是生命中最顽强、最执著的律动。

荣启期在泰山，优哉游哉，鼓琴而歌，孔子路过，就问他为何这等快乐？

荣启期回答道：“天生万物，唯人为贵，我得为人，何不乐也？”

正如荣启期所说，生而为人即是一种快乐，快乐是人生的主题。只要我们用心去体会，用豁达的胸怀去面对人生，以饱满的热情去面对生活，就能快乐度过每一天。

妙语人生

在自己的心灵播撒上知足的种子，用宽容的养分来耕耘，鲜花开满心田，花儿的馨香也就会弥漫你的人生！

替士兵站岗的元帅

有一句话这样说：每一枚硬币都有正面和反面。茫茫尘世中的我们不正是这一枚枚硬币吗？有时候我们彼此正面相向，那是再美好不过的事情。但有些时候，当正面遇上反面，有些人也会立即反面相向，这是一种多么愚蠢的做法！为什么不能再给自己一点等待的时间呢？包容别人的人，最终也会被别人所包容。

没有人能经得起别人的挑剔，关键就看自己对别人满怀一颗什么样的心。

法国19世纪的文学大师雨果曾说过这样一句话："世界上最宽阔的是海洋，比海洋宽阔的是天空，比天空更宽阔的是人的胸怀。"此句虽然很浪漫，但具有现实意义。

拿破仑在长期的军旅生涯中养成宽容他人的美德。作为全军统帅，批评士兵的事经常发生，但每次他都不是盛气凌人的，他能很好地照顾士兵的情绪。士兵往往对他的批评欣然接受，而且充满了对他的热爱与感激之情，这大大增强了他的军队的战斗力和凝聚力，成为欧洲大陆一支劲旅。

在征服意大利的一次战斗中，士兵们都很辛苦。拿破仑夜间巡岗查哨。在巡岗过程中，他发现一名巡岗士兵倚着大树睡着了。他没有喊醒士兵，而是拿起枪替他站起了岗，大约过了半小时，哨兵从沉睡中醒来，他认出了自己的最高统帅，十分惶恐。

拿破仑却不恼怒，他和蔼地对他说："朋友，这是你的枪，你们艰苦作战，又走了那么长的路，你打瞌睡是可以谅解和宽容的，但是目前，一时的疏忽就可能断送全军。我正好不困，就替你站了一会儿，下次一定小心。”

拿破仑没有破口大骂，没有大声训斥士兵，没有摆出元帅的架子，而是语重心长、和风细雨地批评士兵的错误。有这样大度的元帅，士兵怎能不英勇作战呢？如果拿破仑不宽容士兵，那后果只能是增加士兵的反抗意识，丧失了他本人在士兵中的威信，削弱了军队的战斗力。

古希腊神话中有一位大英雄叫海格里斯。一天他走在坎坷不平的山路上，发现脚边有个袋子似的东西很碍脚，海格里斯踩了那东西一脚，谁知那东西不但没有被踩破，反而膨胀起来，加倍地扩大着。海格里斯恼羞成怒，操起一条碗口粗的木棒砸它，那东西竟然长大到把路堵死了。

正在这时，山中走出一位圣人，对海格里斯说：“朋友，快别动它，忘了它，离它远去吧！它叫仇恨袋，你不犯它，它便小如当初，你侵犯它，它就会膨胀起来，挡住你的路，与你敌对到底！”

我们生活在茫茫人世间，难免与别人产生误会、摩擦。如果不注意，在我们轻动仇恨之时，仇恨袋便会悄悄成长，最终会导致堵塞了通往成功之路。所以我们一定要记着在自己的仇恨袋里装满宽容，那样我们就会少一分烦恼，多一分机遇。宽容别人也就是宽容自己。

学会宽容，对于化解矛盾，赢得友谊，保持家庭和睦、婚姻美满，乃至事业的成功都是必要的。因此，在日常生活中，无论对子女、对配偶、对同事、对顾客等都要有一颗宽容的爱心。

妙语人生

昔日寒山问拾得曰：世间谤我、欺我、辱我、笑我、轻我、贱我、恶我、骗我，如何处治乎？

拾得云：只是忍他、让他、由他、避他、耐他、敬他、不要理他，再待几年你且看他。

世间的事情本来就很简单，用一颗简单的心来看这个世界，那么，你收获的也必将是这个世界。

岁月你别催，走远的我不追

“如花美眷，似水流年”，岁月匆匆，沧桑了容颜。路旁的那些花儿依然那么鲜艳，只是，从花中已经看不到自己的影子。花开不败，败的只是年少的轻狂和自负，一路走来，多了几分对生活的乐观和坦然。

“岁月你别催，该来的我不推；岁月你别催，走远的我不追”，回忆和未来是一条长长的直线，而现实就是这条直线上缓慢移动的一个点。只是，这个点只能朝着一个方向去“漂泊”，慢慢延伸着回忆。一些人和一些事已经被定格在回忆中，永远也回不去，即将到来的你想躲也躲不了。

所以，用一颗舍得的心去面对一切。心要像鲜花一样，花开花落都自然；心要像明月一样，云遮云散都明朗；心要像虚空一样，缘聚缘散都坦然！

“那时候”是应该被遗忘的曾经

有些人总觉得自己不幸福，这是因为他们不懂得在幸福的时候享受幸福，更不懂得在苦难的时候回味幸福。幸福是勤劳、勇敢和智慧的结晶，它是快乐的时刻，是一种心灵的感觉。

既然幸福是人生中最美好的时刻，那么，我们怎样来享受它呢？享受幸福就要快乐地享受生活。当幸福来临的时候，我们要充满激情地享受每一分钟，让它像纯净的酒精一样燃烧成淡蓝色的火焰，不留一点渣滓。当苦难来临的时候，我们要经常回味以前幸福的时光，这样我们的心情就会变得愉快，面对困境也就比较乐观，从而能够更好地迎接下一个幸福的到来。我们虽然不能够让自己的每天都充满幸福，但只要我们更积极地把握幸福，我们就有可能拥有更多的幸福。

不要活在过去中或只是为了未来而活，而轻易地让你的生命由指端滑落。重视现在、把握当下，每天都过着很充实的生活。当你仍可以给予时，不要轻言放弃；在你停止尝试之前，没有任何一件事情是已经结束的。不要害怕承认自己是不完美的；不要害怕面对风险，我们在尝试中学会勇敢；不要说真爱难寻，而将爱排除在你的生活之外。

你应该善加投资运用，以换取最大的健康、快乐与成功。时间总是不停地在运转，你可以努力让每个今天都有最佳的收获。记住别让生命都用在等待之中。等我20岁以后，等到我大学毕业以后，等到结婚以后，等到我买房子以后，等我最小的孩子结婚以后，等我把这笔生意谈成以后，等到我退休以后！人人都很愿意牺牲当下，去换取未知的等待；牺牲今生今世的辛苦钱，去购买后世的安逸。许多人认为，必须等到某个时间或某件事完成之后，再采取行动。

然而，生活总是一直在变动，环境总是不可预知。现实生活中，各种突发状况总是层出不穷，你永远不知道下一秒钟，会发生什么事。刹那间，生命的巨轮倾覆，你可能就因此闯进一片黑暗之中。

一个人永远无法预料自己的未来，所以，不要延迟想过的生活，不要吝于表达心中的话，因为，生命只在一瞬间。每个人的生命都有尽头，许多人经常在生命即将结束时，才发现自己还有很多事情没有做，有许多话来不及说，这实在是人生最大的遗憾。别让自己徒留为时已晚的空余恨。逝者不可追，来者犹未卜，最珍贵、最需要实时掌握的当下，往往在这两者蹉跎间，转瞬即逝。这也道尽了人生如梦，转瞬即逝的惶恐。有许多事，在你还不懂得珍惜之前已成憾事；有许多人，在你还来不及用心之前已成旧人。遗憾的事一再发生，不断追悔早知道如何如何是没有用的，“那时候”已经过去，你追念的人也已走过了你的生命。

不管你是否察觉，生命都一直在前进。人生并未出售返程票，失去的便永远不再回来。将希望寄予“等到空闲的时间才享受”，我们不知道失去了多少可能的幸福。不要再等待有一天“你可以松口气”，或是“麻烦都过去了”，才去实现你的目标或理想。生命中大部分的美好事物，都是短暂易逝的，享受它们、品尝它们，善待你周围的每一个人，别把时间浪费在等待所有难题都有完满结局上。

妙语人生

“走吧，走吧，人总要学着自己长大；走吧，走吧，人生难免经历苦痛挣扎”，曾经的伤痛都是在成长过程中必须付出的代价，每个人的人生道路都不相同，可却几乎又都相同。因为，没有一个人的人生路是一帆风顺的，坎坷只是路上的“过客”，前尘往事成云烟，云烟消散，该忘掉过去的不快了，重整旗鼓，去拥抱明天的朝阳！

做个自由的自己

过去的只是经历，不是一种负担。乐观的人会从回忆中找到甜蜜，悲观的人只会从回忆中品出苦涩。

有一些人，因为过去受人欺骗，所以到今天仍旧害怕和人交往，更没有宽恕以前欺骗过他们的人。还有一些人，只为了年轻时候曾经受到同学的排斥和奚落，到后来都一直为这种事伤心。更有不幸已经离婚的人，对生命永远感到残缺。也有因为第一次恋爱失败，所以再不肯重入情关。

还有一些人，曾经偷了一些东西，到后来，虽然没有重犯，也一直在惩罚自己。

他们不知道，抓住以往所发生的事情不放，只会令他们更伤痛。过去的已经过去，谁也不能再改变它。如果我们执著于“过去”，不肯释怀，那么，我们的思想便离开了“当下”，不再能集中精神，改变生命。

佛说：“苦海无边，回头是岸。”这“回头”指的就是不要执著、要改变。相反地，若是不改变，就只有永远沉沦在苦海之中。

是的，我们很可能自己失足坠海，也很可能被人推跌坠海；坠海本来都不是我们的错，但是，我们如果不设法从海中回到岸上，分明有人想救你你也不听，那就是你的不是了。

人人生命中都有怨恨，但是，怨恨要一个一个地化解，让它消失于无形；千万不能一个一个地堆积起来，而埋葬自己于“怨恨堆”中，愤懑一世。我们要清理我们的思想渣滓，使它不再停留在我们心意中，使我们不快乐。想明白些吧！它其实只是一个垃圾，已经再不能发挥力量来伤害我们，我们应该一脚把它踢走，抛得远远的，永远忘记它才对。

先哲说过：“一切的回忆都有毒，不论这回忆是痛苦还是甜蜜。”人可以“记忆”，而不必“回忆”。如果我们能放开对过去的回忆，我们就生活在“当下”，可以享受生命，开创美好的将来。

莉莎和男朋友分手了，处在情绪低落中，从他告诉她应该停止见面的一刻起，莉莎就觉得自己整个人被毁了。她吃不下睡不着，工作时注意力集中不起来。人一下消瘦了许多，有些人甚至认不出莉莎来。一个月过后，莉莎还是不能接受和男朋友的关系已经结束这一事实。

一天她坐在教堂前院子的椅子上，漫无边际地胡思乱想着。不知什么时候，身边来了一位老先生。他从衣袋里拿出一个小纸口袋开始喂鸽子。成群的鸽子围着他，啄食着他撒出来的面包屑，很快飞来了上百只鸽子。他转身向莉莎打招呼，并问她喜不喜欢鸽子。莉莎耸耸肩说：“不是特别喜欢。”他微笑着告诉莉莎：“当我是个小男孩的时候，我们村里有一个饲养鸽子的男人。那个男人为自己拥有鸽子感到骄傲。但我实在不懂，如果他真爱鸽子，为什么把它们关进笼子，使它们不能展翅飞翔，所以我问了他。他说：‘如果不把鸽子关进笼子，它们可能会飞走，离开我。’但是我还是想不通，你怎么可能一边爱鸽子，一边却把它们关在笼子里，阻止它们要飞的愿望呢？”

莉莎有一种强烈的感觉，老先生在试图通过讲故事，给她讲一个道理。虽然这位老先生并不知道莉莎当时的状态，但他讲的故事和莉莎的情况太接近了。莉莎曾经强迫男朋友回到自己身边。她总认为只要他回到自己身边，就一切都会好起来的，但那也许不是爱，只是害怕寂寞罢了。

老先生转过身去继续喂鸽子，莉莎默默地想了一会儿，然后伤心地对他说：“有时候要放弃自己心爱的人是很难的。”老先生点了点头，但是，他说：“如果你不能给你所爱的人自由，你并不是真正地爱他。”

这是一个发人深省的道理——爱是不能勉强的。我们应该给予自己所爱的人自由，不然我们并不比那个饲养鸽子的人好多少。如果我们爱什么人，应该给他自由。让他们自由地决定任何事情，自由自在地按照他们自己的意愿去生活，而不要把自己的愿望强加给他们。放走自己所爱的人通常不那么容易，但实际上你也没有其他路好走。即便你一时勉强地把他留下，最终自食恶果的还会是你。你将得到更深的痛苦，更多的悲伤。

人类天性需要一个空间。在坏情绪中人们也需要自由，不然很快他们会感到被禁锢起来。当我们纠缠自己的内心时，我们会使自己感到难以呼吸。通常我们这样做是出于想不开，缺乏自信或是害怕孤单，而不是解放自己。

妙语人生

“一朝被蛇咬，十年怕井绳。”只是一些人无谓的借口，从过去的伤害中走不出来的人永远不会得到真正的幸福。每个人都会走同样的路。为什么结局会不尽相同呢？是因为有些人放得下，把过去的事情当成一种阅历来丰富自己；而有些人放不下，把过去的事情当成一种负担来折磨自己？面对同一座山，有些人一直在苦苦攀登，而有些人却巧妙地避开了它。

扪心自问一下：你是哪一种人，你又想做哪一种人呢？

找寻属于自己的生活

生活对每个人而言都是公平的，抱怨生活的人，永远不会获得生活的垂青。

有一个这样的故事：一个小孩在看完马戏团精彩的表演后，随着父亲到帐篷外拿干草喂养表演完的动物。小孩注意到一旁的大象群，问父亲：“爸，大象那么有力气，为什么它们的脚上只系着一条小小的铁链，难道它无法挣开那条铁链逃脱吗？”

父亲笑了笑，耐心为孩子解释：“没错，大象是挣不开那条细细的铁链。在大象还小的时候，驯兽师就是用同样的铁链来系住小象，那时候的小象力气还不够大，小象起初也想挣开铁链的束缚，可是试过几次之后，知道自己的力气不足以挣开铁链，也就放弃了挣脱的念头，等小象长成大象后，它就甘心受那条铁链的限制，而不再想逃脱了。”

正当父亲解说之际，马戏团里失火了，大火随着草料、帐篷等物，燃烧得十分迅速，蔓延到了动物的休息区。动物们受火势所逼，十分焦躁不安，而大象更是频频跺脚，仍是不去挣开脚上的铁链。

炙热的火势终于逼近大象，只见一只被烧着的大象，剧烈的灼痛使它猛然一抬脚，竟轻易将脚上铁链挣断，迅速奔逃至安全的地带。

其他的大象，有一两只见同伴挣断铁链逃脱，立刻也模仿它的动作，用力挣断铁链。但其他的大象却不肯去尝试，只顾不断地焦急转圈跺脚，竟而遭大火席卷，无一幸存。

在大象成长的过程中，人类利用一条铁链限制了它，虽然那样的铁链根本系不住有力的大象。

生命并不是一条直线，而应是像棵树一样，我们之中大部分人必须移植后方能开花。在我们成长的环境中，是否也有许多肉眼看不见的链条在系住我们？而我们也就自然将这些铁条当成习惯，视为理所当然。

西方的神话传说中也有反映同一道理的故事。有个长发公主叫雷凡莎，她头上披着很长的金发，长得很俊很美。雷凡莎自幼被囚禁在古堡的塔里，和她住在一起的老巫天天念叨雷凡莎长得很丑，于是她就认为自己是世界上最丑的女人，很是自卑。

一天，一位年轻英俊的王子从塔下经过，被雷凡莎的美貌惊呆了，从这以后，他天天都要到这里来，一饱眼福。雷凡莎从王子的眼睛里认清了自己的美丽，同时也从王子的眼睛里进而发现了自己的自由和未来。有一天，她终于放下头上长长的金发，让王子攀着长发爬上塔顶，把她从塔里解救出来。

囚禁雷凡莎的不是别人，正是她自己，那个老巫婆是她心里迷失自我的魔鬼，她听信了魔鬼的话，以为自己长得很丑，不愿见人，就把自己囚禁在塔里。

其实，人在很多时候不就像这个长发公主吗？在你逐渐成熟的过程中，面对种种越来越大的压力，比如说事业、家庭、工作、人际关系等，人心很容易被种种烦恼和物欲所捆绑。那都是自己把自己关进去的，就像长发公主，把老巫婆的话信以为真，自己认为自己长得很丑，因此把自己囚禁起来。

就是因为自己心中的枷锁，我们凡事都要考虑别人怎么想，把别人的想法深深套在自己的心头，从而束缚了自己的手脚，使自己停滞不前。

就是因为自己心中的枷锁，我们独特的创意被自己抹杀，认为自己无法成功；也因为这个枷锁，我们会告诉自己难以成为配偶心目中理想的另一半，无法成为孩子心目中理想的父母、父母心目中理想的孩子。然后，开始向环境低头，甚至于开始认命、怨天尤人。

妙语人生

“物以类聚，人以群分”，每天抱怨生活的人，他们的身边肯定也是一群对生活无所事事的人。每天的阳光对有些人而言很灿烂，但对有些人而言却很刺眼。不是因为他们不热爱生活，是因为他们太在意之前的得失，走不出以前的阴影。

“他说风雨中这点痛算什么，擦干泪，不要问，为什么”，从现在开始，如果你热爱生活，就昂起头，对之前的挫折说拜拜。从现在开始，做一个乘风破浪的水手！

淡淡的生活，淡淡的真

曾经在幽幽暗暗反反复复中追问，才知道平平淡淡从从容容才是真。

人的一生就像是一条不断向前的折线，有巅峰也有低谷，而最终则会归为平淡。享受平淡，才是人生的最高境界。能把平淡的生活过得精彩，才是人生最好的诠释。舍弃之前的名望和财富，卸下包袱，过一种平常人的生活，享受与之前不一样的人生，没有比这更好的事情了！

有一次，亨利·福特到英格兰去。在机场问询处他要找当地最便宜的旅馆。接待员看了看他——这是张著名的脸，全世界都知道亨利·福特。就在前一天，报纸上还有他的大幅照片说他要来了。现在他在这儿，穿着一件像他一样老的外套，要最便宜的旅馆。

所以接待员说："要是我没搞错的话，你就是亨利·福特先生。我记得很清楚，我看到过你的照片。"

那人说："是的。"

这使接待员非常疑惑，他说："你穿着一件看起来像你一样老的外套，要最便宜的旅馆。我也曾见过你的儿子上这儿来，他总是询问最好的旅馆，他穿的是最好的衣服。"

亨利·福特说："是啊，我儿子是好出风头的，他还没适应生活。对我而言没必要住在昂贵的旅馆里，我在哪儿都是亨利·福特。即便是住在最便宜的旅馆里我也是亨利·福特，这没什么两样。这件外套，是的，这是我父亲的——但这没有关系，我不需要新衣服。我是亨利·福特，不管我穿什么样的衣服，即使我赤裸裸地站着，我也是亨利·福特，这根本没关系。"

2004年2月，美国《福布斯》杂志公布：比尔·盖茨以其名下的净资产466亿美元，仍排名世界富翁的首位。

然而，让人意想不到的是，这位世界首富没有自己的私人司机，公务旅行不坐飞机头等舱却坐经济舱，衣着也不讲究什么名牌；更让人不可思议的是，他还对打折商品感兴趣，不愿为泊车多花几美元……为这点“小钱”如此斤斤计较，他是不是“现代的阿巴公（吝啬鬼）”？

让我们再看看沃伦·巴菲特的生活片段。

1986年的一天，巴菲特出现在奥马哈的红狮饭店，接受《渠道》杂志的采访。《西海岸》的主编帕特丽夏·鲍尔报道说，巴菲特穿着卡其布的裤子、夹克，系着一条领带。“我专门为此打扮了一番的。”他有点羞怯地笑着说。

就像他的女儿苏珊说的那样：“有一天，妈妈去商场，说：‘咱们给他买一套新西服吧……他穿了30年的那套衣服我们都看烦了。’所以，我们就给他买了一件驼绒的运动夹克，一件蓝色的运动夹克，仅仅是为了让他有两件新衣服。但是，他让我把衣服退掉。他说：‘我有一件驼绒的运动夹克和一件蓝色运动夹克了。’他说话的语气非常严肃，我不得不把衣服退掉。最后，我拿起一套衣服就出去了，他不知道。我甚至连衣服上面的价格标签都没看一眼。我在寻找一些穿着舒适且看起来样式有些保守的衣服。如果衣服的样式不是极端的保守，他是不会穿的。”

苏珊补充说：“他不把衣服穿到非常破旧是不肯换的。”

当然，实际上没有人会在意，巴菲特工作时是穿着男士无尾正式晚礼服还是游泳衣。

偶尔，巴菲特也会买一套西服，衣服的某些地方介于成衣和专门定制的衣服之间，因为他的衣服需要稍微地改动一下。

一位伯克希尔公司的股东说，有一次，他和为巴菲特做衣服的一位裁缝聊起来，曾经问他为什么巴菲特的西服穿起来总是显得有些不合身。这位奥马哈的裁缝回答说：“他是世界上最不好量体裁衣的人。主要是因为他臀部不够丰满。”

巴菲特的低预算风格是尽人皆知的。《华盛顿邮报》的凯瑟琳曾经这样说起她的商业老师：

“他这个人非常节俭。有一次在一家机场，我向他借10美分硬币打个电话。他为把25美分的硬币换成零钱走出了好远。‘沃伦，’我大声叫道，‘25美分的硬币也行呀！’他有点羞怯地把钱递给了我。”

巴菲特总是自己开车；衣服总是穿破为止；最喜欢的运动不是高尔夫，而是桥牌；最喜欢吃的食品不是鱼子酱，而是玉米花；最喜欢喝的不是XO之类的名酒，而是百事可乐。

看到两个地球人都知道的富翁过着和平常人一般不二的生活，我们普通的老百姓又有什么可不知足的呢？

人生无常，只知奋斗不知享受生活的人其实很可怜，而为了一些身外之物弄得连命都丢了的人则是可悲的。执著虽是一种很好的品德，但执著于执著，则绝对是一种人生的不智。

也许你是一个大忙人，为着要获得更多的财富，你不得不劳碌奔波，苦心经营，风餐露宿，历尽艰辛。纵然你财运亨通，但你也已筋疲力尽，耗费了许多精神。

其实，人生之乐，不在于高官厚禄，不在于锦衣玉食，而在于平淡中的真实。

妙语人生

平淡的流年，在岁月的年轮中不断成长或者老去的我们。有没有真正想过自己到底想要一种什么样的生活。当儿时的梦想渐渐远去，我们在平淡的生活中还有什么寄托。

生活赋予我们的，只是一种生存的权利，自己赋予自己的，才是对自己生存的一种担当！

过自己想过的生活，不要害怕别人的流言，到最后，那些当初议论你的人们，只会羡慕你，欣赏你，甚至嫉妒你！

爱每一个我

世界上没有两片完全相同的树叶，人也一样。

每一个人的人生是由一个又一个阶段组成的，在每一个十字路口，都面临一次对过往的告别，去追寻属于自己的生活。正是因为追求的不同，这个世界才会变得如此精彩。

我们每个人在这个世界上都是独一无二的奇迹，都是自然界最伟大的造化，长得完全一样的人以前没有，现在没有，将来也不会有。

所以，爱每一个阶段的自己，因为那是属于自己的不一样的风景。和过去说再见，并不是再也不见，而是放下，让自己重新尝试一种新的生活。

美国成功学大师马尔登讲过这样一个故事：

在富兰克林·罗斯福当政期间，我为他太太的一位朋友动过一次手术。罗斯福夫人邀请我到华盛顿的白宫去。我在那里过了一夜，据说隔壁就是林肯总统曾经睡过的地方。我感到非常荣幸。岂止荣幸？简直受宠若惊。那天夜里我一直没睡。我用白宫的文具纸张，写信给我的母亲、给我的朋友，甚至还给我的一些冤家。

小时候，我曾经在纽约附近一些脏乱街道上玩耍过。

“麦克斯，”我在心里对自己说，“你来到这里了。”

早晨，我下楼用早餐，罗斯福总统夫人是这里的女主人；她是一位可爱的美人；她的眼中露着特别迷人的神色。我吃着盘中的炒蛋，接着又来了满满一托盘的鲑鱼。我几乎什么都吃，但对鲑鱼一向讨厌。我畏惧地对着那些鲑鱼发呆。

罗斯福夫人向我微微笑了一下。“富兰克林喜欢吃鲑鱼。”她说，指的是总统先生。

我考虑了一下。“我何人耶？”我心里想，“竟敢拒吃鲑鱼？总统既然觉得很好吃，我就不能觉得很好吃吗？”

于是，我切了鲑鱼，将它们与炒蛋一道吃了下去。结果，那天午后我一直感到不舒服，直到晚上，仍然感到要呕吐。

我说这个故事有什么意义？

很简单。我没有按照自己的心愿，做独一无二的自己，唱出与众不同的声音。

我并不想吃鲑鱼，也不必去吃。为了表示敬意，我勉强效颦了总统。我背叛了自己，站在了不属于自己的位置上。那是一次小小的背叛，它的恶果很小，没有多久就消失了。

不过，这件事确也指出走向成功之道最常碰到的陷阱之一。

别人眼中的成功——你不想把它视作你的欲望完成的一种成功，在你的自我心象中，这并不是成功。

那是一种失败。

一种出生不久的婴儿依附母亲的消极被动，深深地陷于今日文化之中，这是一种被人称作“跟他人看齐”的复杂情结。这种情绪的根本理由是：如果你的邻居或友人买了一部新车，你也必须买一部；如果他买了一栋新屋，你也必须买一栋，诸如此类的愚蠢竞争，究竟到哪里为止，我就不得而知了。

我所知道的是：此种“成功”，实在是一种失败；它剥夺了一个人自我完整的概念。它使他放弃了自我心象的立场——就像我在效颦罗斯福总统时所做的一样——令我自己陷入心灵所不需要的那种荒谬竞争之中。

记着这句话：你的最可靠的指针，是接受你自己的意见，尽你所能办到的去好好生活。

一个穷人可比一个国王活得更成功——只要他活得是真实的自己。

你，不论贫富老少，都可以尝到成功的滋味——只要能澄清你的思想、心象和意愿的力量——一种成功的感觉。

电影舞星佛莱德·艾斯泰尔1933年到米高梅电影公司首次试镜后，在场导演给他的纸上评语是“毫无演技，前额微秃，略懂跳舞”。后来艾斯泰尔将这张纸裱起来，挂在比弗利山庄的豪宅中。

美国职业足球教练文斯·伦巴迪当年曾被批评“对足球只懂皮毛，缺乏斗志”。

哲学家苏格拉底曾被人贬为“让青年堕落的腐败者”。

彼得·丹尼尔小学四年级时常遭到老师菲利浦太太的责骂：“彼得，你功课好脑袋不行，将来别想有什么出息！”彼得在26岁前仍是大字不识几个，有次一位朋友念了一篇《思考才能致富》的文章给他听，给了他相当大的启示。现在他买下了当初他常打架闹事的街道，并且出版了一本书：《菲利浦太太，你错了！》。

贝多芬学拉小提琴时，技术并不高明，他宁可拉他自己作的曲子，也不肯做技巧上的改善，他的老师说他绝不是个当作曲家的料。

歌剧演员卡罗素美妙的歌声享誉全球，但当初他的父母希望他能当工程师；而他的老师则说他那副嗓子是不能唱歌的。

发表《进化论》的达尔文当年决定放弃行医时，遭到父亲的斥责：“你放着正经事不干，整天只管打猎、捉狗捉耗子的。”另外，达尔文在自传上透露：“小时候，所有的老师和长辈都认为我资质平庸，我与聪明是沾不上边的。”

沃特·迪斯尼当年被报社主编以缺乏创意的理由开除，建立迪斯尼乐园前也曾破产好几次。

法国化学家巴斯德在读大学时表现并不突出，他的化学成绩在22人中排第15名。

如果这些人不相信世间有着独一无二的自己，不尽力唱出自己的声音，而是被别人的评论所左右，怎么能取得举世瞩目的成绩？

人生的成功自然包含有功成名就的意思，但是，这并不意味着你只有做出了举世无双的事业，才算得上成功。世界上永远没有绝对的第一。看过马拉多纳踢球的人，还想一身臭汗地在足球队里？听过帕瓦罗蒂的歌声的人，还想修炼美声唱法吗？读过曹雪芹《红楼梦》的人，还想写小说吗？——其实，如果总是担心自己比不上别人，只想功成名就，那么，世界上也就没有曹雪芹、帕瓦罗蒂、马拉多纳这类人了。

俄国作家契诃夫说得好：“有大狗，也有小狗。小狗不该因为大狗的存在而心慌意乱。所有的狗都应当叫，就让它们各自用自己的声音叫好了。”

小狗也要大声叫！实际上，追求一种充实有益的生活，其本质并不是竞争性的，并不是把夺取第一看得高于一切，它只是个人对自我发展、自我完善和美好幸福的生活追求。

那些每天一早来到公园练武打拳、练健美操、跳迪斯科的人，那些只要有空就练习书法绘画、设计剪裁服装和唱戏奏乐的人，根本不在意别人对他们姿态和成果品头论足，也不会因没人叫好或有人挑剔就停止练习，情绪消沉。他们的主要目的不在于当众展示、参赛获奖，而是自得其乐、自有收益，满足自己对生活美和艺术美的渴求。

所以说，真正成功的人生，不在于成就的大小，而在于你是否努力地去实现自我，喊出属于自己的声音。

我们应该明白这样一个道理：不能表现出自我本色者注定要失败，而且失败得很快。一个人想要集他人所有的优点于一身，是最愚蠢、最荒谬的行为。你无须按照他人的眼光和标准来评判甚至约束自己，你无须总是效仿他人。保持自我本色，这是最重要的一点。我们每个人都是世上独一无二的，你就是你自己。

不要被他人的论断而束缚了自己前进的步伐。追随你的热情，追随你的心灵，唱出自己的声音，世界因你而精彩。

妙语人生

爱惜自己，自己的生活自己点缀！生活需要点缀才会变得精彩，所以，不同时期的点缀可以幻化出不一样的色彩。

所以，爱每一个我，不管是什么时候；爱每一个我，不管发生什么事情；爱每一个我，不管未来的路有多漫长！

但愿你的眼睛，只看得到笑容；但愿你流下每一滴泪，都让人感动；但愿你以后每一个梦，不会一场空！

关上身后的门

电影《东邪西毒》里有一种酒叫“醉生梦死”，喝了这种酒就会忘记过去的种种不快，但最终才发现醉生梦死只不过是一个玩笑。人越想忘记的时候，往往记得越清楚。

回忆是一扇关不上的窗，我们不能奢求将这扇窗锁死，只是我们必须时时要提醒自己，当下比回忆更重要。

英国前首相劳合·乔治有一个习惯——无论走到哪里无论什么时候他都会随手关上身后的门。

有一天，乔治和朋友在院子里清闲地散步，他们每经过一扇门，乔治总是很自然很及时地随手把门关上。

“你这里警卫森严，几乎一只麻雀都飞不进来。你有必要把这些门都关上吗？”朋友很是纳闷。

“哦，当然有这个必要。我说的必要当然不是指我个人的安全问题。”乔治微笑着对朋友说，“我这一生都在关我身后的门。你知道，这对于我及很多人来说是必须做的事。当你关门时，也将过去的一切留在后面，不管是美好的成就，还是让人懊恼的失误，然后，你才可以重新开始。”

朋友听后，细细品味着，不觉陷入了沉思中。乔治正是凭着这种精神一步一步走向了成功，最终踏上了英国首相的位置。

“我这一生都在关我身后的门！”多么经典的一句话！

每个人，从跌打滚爬中走过来，身上难免沾染一些尘土和霉气，心中多少留下一些酸楚的记忆，这都是事实，都是永远也不能完全抹掉的事实。

我们需要的不是把头颅埋在沧桑的双手里，痛苦地回忆；我们需要的是放弃过去的失误和不愉快。因为伤感也罢，悔恨也罢，都不能改变过去，不能使你更聪明、更完美，只有不断地总结昨天的失误，才是最明智的选择。背着沉重的怀旧包袱，为逝去的流年伤感不已，那只会白白地浪费掉眼前的大好时光，那只会让你等于在不知不觉中放弃现在和未来。

追悔过去，已经没有任何意义，它只能让你失掉现在；失掉现在，未来又从何谈起！

有句俗话说得好：为误了头一班火车而懊悔不已的人，肯定还会错过下一班火车。

要想成为一个快乐幸福的成功人士，最重要的一点就是记住：随手关上身后的门。将过去的错误、失误通通忘记，沉湎于懊恼、后悔之中只会让别人更加看不起你。

时光不会留恋任何人，它总是绝情地一去不复返。今天就应尽力做完当天该做的事，因为，明天将是新的一天。

记得当代大提琴演奏大师帕波罗·卡萨尔斯在他93岁生日那天说过的一句话："我在每一天里重新诞生，每一天都是我新生命的开始。"

在古代，有一个皇帝遇到了这样一件事情：有三个问题，做每件事情的最好的时间是什么？与你共事的最重要的人是谁？任何时候要做的最重要的事情是什么？只要他知道了这三个问题的答案，他就永远不会再有任何麻烦。

皇帝在全国张贴了榜文，宣告说，无论是谁能够回答这三个问题，都将会得到重赏。答案很多，但皇帝对所有这些回答都不满意。于是，皇帝把自己装扮成一个朴实的农民，独自一人登山去寻找一位隐者。

当皇帝找到这位隐者的时候，隐者正在茅棚前的菜园里挖地，这个工作对年老的隐者来说显然很吃力。皇帝说："我来这儿请你帮忙回答三个问题：做每件事情的最好的时间是什么？与你共事的最重要的人是谁？任何时候要做的最重要的事情是什么？"

隐者注意地倾听着，但是他只拍了拍皇帝的肩膀，就继续挖他的地去了。皇帝说："您一定很累了，让我助您一臂之力吧。"隐者谢过皇帝，把铁锹递给他，然后坐到地上休息。

太阳就要下山了。皇帝放下铁锹，对隐者说："如果您不能回答我的问题，请明白地告诉我，我好上路回家。"

正说着，皇帝突然看见一个人手捂着胸前流血的伤口拼命跑来。皇帝帮伤者包扎好伤口，和隐者一起把他抬到茅棚里的床上。因为一整天又爬山又挖地，皇帝倚着门口很快就睡着了。当他醒来的时候，太阳已经升起来。有一刹那，皇帝忘记了自己身处何地，忘记了自己到这儿来是干什么的。

他发现那个受伤的男人也正在困惑地打量着他。男人用极其微弱的声音说："请原谅。"

"但是，你干了什么要我原谅呢？"皇帝问。

"在上一次战争中，您杀死了我的兄弟，抢走了我的财产，我曾经发誓要向您复仇。当我得知您要独自一个人上山来找这位隐者的时候，我决定在您回来的路上，出其不意地杀死您。但是，我遇到了您的侍从，他们把我砍伤了。如果没有遇见您，现在我肯定已经死了。我原本想杀您，可是您却救了我的命！我发誓余生要做您的仆人，请原谅我吧。"

皇帝没有想到这么容易就与一位宿敌和好了。回宫以前，皇帝最后一次重复了他的三个问题。隐者看着皇帝说："但是你的问题已经得到解答了。"

"什么？"皇帝迷惑不解地问。

"昨天，如果你没有因为我年老而对我生起了怜悯心，从而帮我挖这些苗圃的话，你肯定会在回家的路上受到那个人的袭击。因此，最重要的时间是你挖地的时间，最重要的人是我，最重要的事情是帮助我。后来，当那个受伤的人跑到这儿来的时候，最重要的时间是你帮他包扎伤口的时间，否则他肯定会死的，你就失去了与他和解的机会。同样地，他是最重要的人，而最重要的事情是照看他。记住，只有一个最重要的时间，那就是现在，当下是我们唯一能够支配的时间。最重要的人总是当下与你在一起的人，而最重要的事情是使你身边的那个人快乐，因为只有这个才是生活的追求。”

妙语人生

没有人会拒绝回忆，因为里面有幸福和甜蜜。但每个人又害怕回忆，因为之前种种的美好不可能再回来了。

“往事不可追，回忆仿佛冷风吹”，既然这样，为什么不能放下，去重新开始呢？

心情也需要假期

《大学》里面有这样一段话：“知止而后有定，定而后能静，静而后能安，安而后能虑，虑而后能得。”心情也一样，不要把自己长时间闷在一个环境之中，心情也需要假期，这样你才能更好地学习和工作。

第二次世界大战期间，丘吉尔到北非蒙哥马利将军行辕去闲谈时，蒙哥马利将军说：“我不喝酒，不抽烟，到晚上10点钟准时睡觉，所以我现在还是百分之百的健康。”丘吉尔却说：“我刚巧跟你相反，既抽烟，又喝酒，而且从不准时睡觉，但我现在却是百分之二百的健康。”很多人都认为怪事，以丘吉尔这样一位身负第二次世界大战重任，工作繁忙紧张的政治家，生活这样没有规律，何以寿登大耋，而且还百分之二百的健康呢？

其实，只要稍加留意就可知道，他健康的关键，全在有恒的锻炼，轻松的心情。毫无疑问，丘吉尔既抽烟，又喝酒，且不准时睡觉，这些并不足为训。但是我们是否知道，丘吉尔即使在战事最紧张的周末还去游泳，在选战白热化的时候还去垂钓，而且他刚一下台就去画画，估计很多人也没见他那微皱起的嘴边上，斜叨着一支雪茄的轻松心情吧！

因此，我们不妨学着丘吉尔那样给自己的心情放个假吧！也许我们不可能完全做到丘吉尔的完美，但是我们只要学到一半，就可以得到百分之百的健康。

在现实生活中，使自己的心情轻松的第一要诀是“知止”。“知止”于是而心定，定而后能静，静而后能安，心情还有什么不轻松的呢？

使心情轻松的第二要诀是“谋定而后动”。做任何事情，要先有周密的安排，安排既定，然后按部就班地去做，能应付自如，不会既忙且乱了。在这瞬息万变的社会里，当然免不了也会出现偶发的事件，此时更要沉住气，详细而镇定地安排。事事要谋定而后动，就一定像中国史书中的谢安那样在淝水之战最紧张的时刻还能闲情逸致地下棋了。

使心情轻松的第三要诀是不做不胜任的事情。假如我们身兼数职，却顾此失彼，又有何快乐可言呢？或者用非所长，心有余而力不足，心情又怎么会轻松呢？

使心情轻松的第四要诀是“拿得起，放得下”。对任何事情都不可一天24小时地念念不忘，寝于斯，食于斯。否则，不仅于身有害，而且于事无补。

使心情轻松的第五要诀是在轻松的心情下工作。工作尽可紧张，但心情仍须轻松。在你肩负重担的时候，千万记住要哼几句轻松的歌曲。在你写文章写累了的时候，不妨高歌一曲。要知道心情越紧张，工作越做不好。

一个口吃的人，在他悠闲自在地唱歌时，绝不会口吃；一个上台演讲就脸红的人，在与他爱人谈心时一定会娓娓动听。要想身体好、工作好，就一定要在轻松的心情下工作。

使心情轻松的第六要诀是多留出一些富裕的时间。好多使我们心情紧张的事，都因为时间短促，怕耽误事。若每一样事都多打出些时间来，就会不慌不忙，从容不迫了。最好的办法就是把自用表拨快一个相当的时间。时时刻刻用表面上的时间警惕自己，如此则既不误事，又可轻松。

一个心情经常轻松的人沾枕头就睡着。一个心情经常紧张的人容易失眠。一个永远从容不迫的人准能长寿。一个紧锁眉头的经常紧张的人定会早亡。给心情放个假，你便会时时感到快乐，无忧无虑。

有一个人千里迢迢地来到佛祖面前，对佛祖说：“我寻找幸福很多年了，背井离乡，到处找它。有人说：它在山顶的凉风中、在沙漠的绿洲里、在禅院的宁静中、在贫民窟的笑声里。”

佛祖问：“你找到了吗？”

“我一直没有找到。”

佛祖没有回答他的话，只是静静地望着远方。

这时，湛蓝的天空铺着七色的彩霞，美丽的鸟儿在树上尽情地歌唱。夕阳闪烁的金光照射着绿茵茵的草地，孩子们在草地上尽情地玩耍，这人依然沮丧着，愁容满面。

过了一会儿，他颓废地离开佛祖，又到别处寻找幸福了。

我们往往费尽心机地寻找幸福、寻找真理，殊不知，它们就在我们身边。其实，我们周围的花草树木、行云流水、欢声笑语，从不间断地向我们诉说着人间的幸福和宇宙的真理。

妙语人生

在人来人往的世界里，你可曾拥有快乐自在？在你争我夺的国度里，你是否依旧怡然自得？在尘世喧嚣中，你的心灵是否压抑得太久了？

给自己的心情放个假，让心灵的风筝可以自由去翱翔！

这里是一片澄碧的天空，你瞧，天空如此分明，白与蓝协调地搭配成一片美丽的风景。近处是深蓝色，很清纯；远处是淡蓝色，很淡雅。美丽的云朵很俏皮，一会儿靠近我们的风筝说悄悄话，一会儿又跑得远远的，把风筝抛在后面。

放飞一只心灵的风筝，让它在美丽的蓝天下尽情飞翔，让美丽的天空不再空荡；放飞一只心灵的风筝，让它在湛蓝的天空里愉快欢唱，让我们的世界不再孤寂；放飞一只心灵的风筝，让它在心灵的城堡里快乐尽舞，让我们的生活不再烦闷枯燥。

每天都有美好的期盼

金钱只能让你得到最初的满足，只有心才是自己的，名利乃身外物，执著于此，心灵只会更加空虚。

两个墨西哥人沿着密西西比河淘金，到了一个河汊，两人分了手，因为一个人认为阿肯色河可以淘到更多的金子，一个人认为去俄亥俄河发财的机会更大。

10年之后，到俄亥俄河的人果然发了财。在那儿他找到了大量的金沙，而且建了码头，修了公路，他落脚的地方成了一个大集镇——匹兹堡。现在俄亥俄河边的匹兹堡市商业繁荣，工业发达，就得益于他早期的拓荒和开发。

进入阿肯色河的那个人，看起来没有那么幸运。自从他和朋友分手后，就没有了音信。有人说他已经葬身鱼腹，有人说他已经回到了墨西哥。

直到50年后，一个重27千克的自然金块在匹兹堡引起了巨大的轰动。当时，一位记者曾对这块金子进行跟踪，他在报道中说：这颗全美最大的金块并不是出产在匹兹堡，而是来源于阿肯色州，是一个年轻人在他屋后的鱼塘里发现的。而从他祖父留下的日记看，这块金子是他的祖父亲手扔到鱼塘里去的。

随后，《新闻周刊》登出了那位祖父的日记。其中有一篇说：

昨天，我在溪水里又发现了一块很大的金子。进城卖掉它吗？那样一来，就会有成千上万的人拥向这儿，我和妻子亲手用一根根圆木搭建的房子，我们挥洒汗水开垦的菜园、屋后的池塘、傍晚的火堆、忠诚的猎狗、美味的炖肉、山雀、树木、天空、草原、这里的宁静和自由，都将不复存在。所以，我宁愿看到这块金子被扔进鱼塘时溅起的水花，也不愿眼睁睁地看到我们已经拥有的生活从眼前消失，因为这生活是那样的平静而美好！

18世纪60年代正是美国开始涌现百万富翁的年代，当时每个人都在拼命地追求金钱。可是，这位淘金者却把到手的金子扔掉了。

但是，我们可以说，在当时所有的淘金人中，这位淘金者，是唯一淘到了真金的人。

当我们渴望自己每天都有一个好心情的时候，我们是否尝试过每天早上起来的时候给自己一个对美好心情的期盼，并且用这种期盼来鼓舞和激励自己呢？真的，这确实是一个非常不错的主意，当我们每一天都坚持做下去，使之成为一种习惯的时候我们会发现我们的心情真的越来越好，我们的幸福感觉也越来越强烈。

美国有这样一个故事：一个清晨，汤姆乘坐在老式火车的卧车中，大约有6个男士正挤在洗手间里刮胡子。经过了一夜的疲困，隔日清晨通常会有不少人在这个狭窄的地方做一番漱洗。此时的人们多半神情漠然，而彼此也不交谈。

就在此刻，突然有一个面带微笑的男人走了进来，他愉快地向大家道早安，但是却没有人理会他的招呼，或只是在嘴巴上应付一番罢了。随后，当他准备开始刮胡子时，竟然自若地哼起歌来，看上去显得非常快乐。他的这番举止令汤姆感到极度不悦。于是汤姆冷冷地、带着讽刺的口吻对这个男人问道："喂！你好像很得意的样子，怎么回事呢？"

"是的，你说得没错。"这个男人如此回答说，"正像你所说的，我是很得意，我真的觉得很快乐。”然后，他又说道：“我是把使自己觉得心情愉快这件事当成一种习惯罢了。”

这就是那个男人说话内容的全部。不过我们相信，在洗手间内所有的人包括汤姆都已经把“我是把使自己觉得心情愉快这件事，当成一种习惯罢了”这句深富意义的话牢牢地记在心中。

事实上，这句话确实具有深切的哲理。不论是幸运或不幸的事，人们心中习惯性的想法往往占有决定性的影响地位。有一位名人说：“穷苦人的日子都是愁苦；心中欢畅者，则常享丰筵。”这段话的意义是告诫世人设法培养愉快之心，并把它当成一种习惯，那么，生活将像一连串的欢宴。

一般而言，习惯是生活的积累，是能够刻意造成的，因此人人都掌握有创造愉快心情的力量。

养成心情愉快的习惯，主要是凭借思考的力量。首先，你必须拟定一份有关心情愉快的想法的清单，然后，每天不停地思考这些想法，其间若有不高兴的想法进入你的心中，你得立即停止，并将之设法摒除掉，尤其必须以快乐的想法取而代之。此外，在每天早晨下床之前，不妨先在床上舒畅地想着，然后静静地把有关快乐的一切想法在脑海中重复思考一遍，同时在脑中描绘出一幅今天可能遇到的快乐地图。久而久之，不论你面临什么事，这种想法都将对你产生积极性的效用，帮助你面对任何事，甚至能够将困难与不幸转为快乐。相反地，倘若你一再对自己说：“事情不能进行得顺利的。”那么，你便是在制造自己的不愉快，而所有关于“不愉快”的形成因素，不论大小都将围绕着你。

以前，有一位不幸的人。他每天总是在吃早餐时对他太太说：“今天看来又是不愉快的一天。”虽然他的本意并非如此，充其量只不过是一句遁词而已，因为他的口中尽管这么如此念着，实际上在心中却也期待着会有好运来临。然而，一切情况都很糟糕。其实，会有这种情况发生并不令人奇怪，因为心中若预存不快乐的想法，那一天的心情肯定会受到你的潜意识的影响，所有的事情也许会办得很不顺。

妙语人生

田园诗一样宁静的生活，幸福快乐的家庭，这些自家宝藏，你用再多的金钱，也不可能买得到。

要知道，真正的金子，就是我们当下的生活、当下的快乐！

当下的生活，只要我们用心去感受，就有快乐和幸福，它的本身，就是一座供我们终生受用不尽的金矿。

每天给自己一个真诚的微笑，让好的心情充满每一天，那么每一天都有好心情，你也就拥有了一个美满的人生！

给自己的心中种一棵“忘忧草”

生活是个万花筒，有时不免长出一朵让人忧郁、烦恼的花，破坏你的好心情，使你的生活黯然失色。此时，你不妨学着在心中种一棵“忘忧草”，让它帮你遮挡忧郁，给你的心灵带来芳香与快乐。“忘忧草”可以是一本秘密日记，可以是一次倾情诉说，可以是一曲高山流水，也可以是一次翩翩起舞……

当心情不好时，可以打开日记，把所有的忧郁、烦恼和不快都融入笔端，写入日记，这样一方面可以宣泄心中的不快，另一方面可以理清心绪，平静心情，有时还能“顿悟”和释然。你可以在日记中倾诉生活的烦恼，可以“痛骂”给你带来不快的领导，可以“诉说”失恋给你带来的伤痛。总之，一切的不快乐都可以在日记中宣泄，而宣泄过后，肯定会有如释重负的感觉。

如果说写日记是自己倾诉，那么，写信或谈话便是向知音、朋友、师长等信任的人倾诉，可以从他们那里得到同情、理解和帮助。只要勇于打开心扉，朋友便会尽力帮你减轻心理负担的压力，为你分担坏心情。

此外，在忧郁、烦闷时，你也可以痛哭一场，可以大吼几声，可以放声高唱或打球、跑步、洗澡。借此来忘掉忧愁，但任何宣泄方法都不可过分，更不能伤害别人或自残，应当适时、适度地宣泄。

心情不好时，可以听一段轻松愉快的音乐，让舒缓的旋律来抚慰那纷乱的心绪，让自己陶醉在音乐中，心绪自然会随着高山流水而欢呼雀跃；可以外出漫步散心，让优美的景色、新鲜的空气冲淡内心的不快与烦躁。这种转移情景法有利于帮你从坏心情中超脱，让你时时沉浸在快乐中。

你也可以暂时放下手头的活，离开令你伤心、烦恼的地方，去做一些感兴趣的事来转移你的注意力，忘掉烦恼和不快；也可以参加一些集体活动，在欢乐的气氛中摆脱痛苦的阴影。

生活中如果我们能以乐观的态度去对待一切，好心情就会常伴我们。生活中有人什么都不缺，就是不快乐；而有的人什么都不如别人，但他却整天乐呵呵的。他们的差别不在于拥有多少，而在于内心知足与否。

一个老禅师遇见了一个失恋的女孩，于是，有了下面的一段对话。

禅师：孩子，为什么悲伤？

女孩：我失恋了。

禅师：哦，这很正常。如果失恋了没有悲伤，恋爱大概也就没什么味道。可是，年轻人，我怎么发现你对失恋的投入甚至比对恋爱的投入还要倾心呢？

女孩：到手的葡萄给丢了，这份遗憾，这份失落，您非个中人，怎知其中的酸楚啊！

禅师：丢了就是丢了，何不继续向前走去，鲜美的葡萄还有很多。

女孩：您说我该怎么办？我可真的很爱他。

禅师：真的很爱？

女孩：是的。

禅师：那你当然希望你所爱的人幸福？

女孩：那是自然。

禅师：如果他认为离开你是一种幸福呢？

女孩：不会的！他曾经跟我说，只有跟我在一起的时候他才感到幸福！

禅师：那是曾经，是过去，可他现在并不这么认为。

女孩：这就是说，他一直在骗我？

禅师：不，他一直对你很忠诚。当他爱你的时候，他和你在一起，现在他不爱你，他就离去了，世界上再没有比这更大的忠诚。如果他不再爱你，却还装得对你很有情谊，甚至跟你结婚、生子，那才是真正的欺骗呢。

女孩：可我为他所投入的感情不是白白浪费了吗？谁来补偿我？

禅师：不，你的感情从来没有浪费，根本不存在补偿的问题，因为在你付出感情的同时，他也给了你快乐，你也多了一段经历！

女孩：可是，他现在不爱我了，我却还苦苦地爱着他，这多不公平啊！

禅师：的确不公平，我是说你对所爱的那个人不公平。本来，爱他是你的权利，但爱不爱你则是他的权利，而你却想在自己行使权利的时候剥夺别人行使权利的自由。这是何等的不公平！

女孩：可是您看得明明白白，现在痛苦的是我而不是他，是我在为他痛苦。

禅师：为他而痛苦？他的日子可能过得很好，不如说是你为自己而痛苦吧。明明是为自己，却还打着别人的旗号。年轻人，德行可不能丢哟。

女孩：依您的说法，这一切倒成了我的错？

禅师：是的，从一开始你就犯了错。如果你能给他带来幸福，他是不会从你的生活中离开的，要知道，没有人会逃避幸福。

女孩：什么是幸福？难道我把我的整个身心都给了他还不够吗？您知道他为什么离开我吗？仅仅因为我没有钱！

禅师：你也有健全的双手，为什么不去挣钱呢？

女孩：可他连机会都不给我，您说可恶不可恶。

禅师：当然可恶。好在你现在已经摆脱了这个可恶的人，你应该感到高兴，孩子。

女孩：高兴？怎么可能呢，不管怎么说，我是被人给抛弃了，这总是叫人感到自卑的。

禅师：不，年轻人的身上只能有自豪，不可自卑。要记住，被抛弃的并非就是不好的。

禅师：去感谢那个抛弃你的人，为他祝福。

女孩：为什么？

禅师：因为他给了你寻找幸福的新机会。

妙语人生

用心感受生活，就要品尝生活的原汁原味，就要接受生活的所有赏赐，不能挑肥拣瘦，有所偏袒。有的人一生追求名利，终生为之而奋斗。如果他“成功”了，那他也只能体味到名利的滋味，但这绝不是生活的全部，绝不是生活的原汁原味。事业的成功，剥夺了他与亲人相处的时间，剥夺了他真正感受生活的时间，也剥夺了他人生的权利。有的人一生追求金钱，但最后穷得只剩下钱了，因为钱，连亲情、友情、爱情都失掉了，这样的人生，又有什么意义呢？

“忘忧草，忘了就好，往事知多少”，给自己的心中种一棵忘忧草，不管遇到什么烦恼，都能乐观地去“忘掉”，人生从此还有什么不顺心的事情能纠缠着你呢？

幸福的驿站

有时候，幸福来临的时候你不会在意；直到它渐渐离你远去，你才想要抓住幸福的手，可惜的是，这个时候已经晚了。

好好珍惜自己的拥有，别让幸福成为你人生中的驿站，要让它成为你人生的港湾！

小镇上有一个漂亮的女孩子，从小，家境贫寒，所以长大了她立志要嫁个有钱的男人。

托上帝的福，她如愿以偿了。丈夫是当地最年轻的副县级干部，并一路顺风地继续进步着。小两口从小屋搬到了大屋，从平房搬到了楼里。那位年轻漂亮的女孩在人们的赞叹和艳羡的眼光中快乐地生活了一年又一年。只是最近聪明的邻居发现女孩变得忧伤起来，因为年过三十的她一直没有小孩。事实上，女孩在结婚的第二年怀孕了，只是因为大夫说是女孩，她便毅然打掉了孩子。也许还年轻，也许她认为自己会生一个和丈夫一样出色的男孩……不知是否她的举动触怒了神灵，总之，该来的始终没有来。每次路过幼儿园，女孩都会停下来，和忙碌的家长分享一会儿为人父母的幸福。为此，她在全国各地接受了数十次的穿刺、透水、腹腔镜之类的手术，但最终还是没有实现当母亲的愿望。她说：“如果我能有一个自己的孩子，不论男女，我都可以为他付出一切。有时，我甚至羡慕那些抱着娃娃在街上乞讨的流浪女人……”

常言道：当幸福降临时，请善待它。这位可怜的女人是否应该受到过多的指责暂且放在一边，但她的故事总让人感到太多的遗憾。那些已为人父母的和即将准备为人父母的人们一定会有更深的感悟。

古人说得好："花开堪折直须折，莫待无花空折枝。"忽视了自己眼前拥有的东西，当花谢残红，你只能看到飞红万点惆怅悲伤，任泪眼问花，得到的只是枝头一片空寂的沉默。珍惜拥有的幸福，才不会让自己觉得失落，才不会觉得生活的原野一片荒芜。

其实，羡慕乞丐的远不止女孩一人。我有一个同学，热衷于买彩票，做梦都想变成富翁，去年竟误打误撞，中了500万元。消息不胫而走，亲戚朋友、三乡四邻、十八竿子打不到的人都来看他，名义上是来祝贺，事实上都是来借钱的。有的没达到目的，甚至扬言要用武力。最后逼得他不得不丢开故乡，跑到大城市里隐姓埋名。他所热爱的老家那几亩水田，那几头快下犊子的奶牛，以及养育了他家世世代代的老木屋……都只能在梦里出现了。

他和自幼生活在农村里的老父老母，对大城市拥挤而陌生的环境充满了憋屈和无奈的情绪。他几乎没有一天不担心身后随时会出现一个举着杀猪刀的人来分享他的意外之财。他也因此开始失眠，以往不请自来的瞌睡居然从此不再光顾他。有一次，他红着眼睛对我说："我觉得我不是富翁，我是一个众叛亲离的逃犯，有时，我真羡慕那些在街边倒头就能睡着的乞丐。"

我把这个故事讲给了一位开宝马车的女老板，她听后，深有同感地说："在我被老公抛弃后的某一天，独自开车在街头闲逛，看见一位收破烂的男人正艰难地将板车往坡上推，而板车上睡着的是他的妻子，一个脸上脏兮兮却有幸福笑容的农村胖女人。那一刻，我的眼泪夺眶而出。当时，我多么希望自己就是那一个女人啊。"

有家杂志开展了一项"征画活动"，奖金高达10万美元。征画的主题是："如果世界末日来临，你要做什么？"

来自全国各地的作品像雪片一样飞来。大家为了赢得这场比赛，得到高额奖金，每位应征的人都把想象力发挥到了极限。

有的画描绘了一对情侣，在世界的最后时刻互相搂在一起，一边喝酒一边亲吻；

有的画描绘了一些白领人士，在世界的最后时刻坐在马路上，大哭大笑，焚烧钞票；

有的画描绘了一些人，在世界的最后时刻乘上宇宙飞船，逃到其他星球去。

在堆积如山的作品中，最后获得10万美元的却是一个残疾女孩的一幅素描。

她的画的内容是一个平凡的家庭，妻子在厨房里洗碗，丈夫坐在沙发上看报，两个小男孩坐在地板上摆积木。

评委们一致认为这幅画是这次“征画活动”的最后胜出者。因为，这幅画平凡、简单，却又有真实而深长的意义。

像这样的平凡的家庭在生活中随处可见，这样的场景也每时每刻都发生在无数的家庭中，但是，我们往往对此熟视无睹，身临其境的时候，也不知道加以珍惜。

我们都在追求不平凡的生活，认为拥有高档的车子、豪华的房子、巨大的财富、显赫的权势，才是生活的目的。为了达到这个目标，一辈子要付出巨大的艰辛，承受巨大的压力。

其实，我们当下都可以拥有的平凡而快乐的生活，就是我们每个人的自家宝藏。

美国教育学家威廉·杜朗曾经现身说法，揭示幸福的含义，他是这样寻找幸福的：

他想从金钱里寻找幸福，认为只要有足够的金钱就可以得到幸福的生活。可是金钱并没有使他感到幸福，他得到的只是烦恼。

他想从感情中寻找幸福，结果他和意中人分道扬镳，和好朋友反目成仇，他得到的只是悲伤。

他想从旅行中寻找幸福，结果走遍了世界，踏遍了千山万水，他得到的只是疲惫。

他尝试着用了几乎所有他能想到的方法来寻找幸福，到最后才发现都是一场空。

疲惫的他打算放弃寻找。然而，有一天，在火车站，他看到一个少妇，抱着一个熟睡的婴儿，坐在一辆小汽车里。这时，一位中年男子从刚刚进站的火车上走下来，来到汽车旁。他深情吻了一下妻子，又在婴儿的额头上轻轻地吻了一下，生怕惊醒了婴儿。然后，一家人开车离去了。

看到这一幕，这位教育家恍然大悟，原来幸福就是如此简单。我们当下所拥有的快乐的生活，就是人生最大的幸福。

生活就像一盘自己调制的凉菜，其中的淡与咸只有吃菜的人才会知道。

妙语人生

其实，每个人都有别人所羡慕的地方。富翁有少年羡慕的房子、车子和财富，少年有富翁羡慕的年轻体魄、如火的激情和飞扬的梦想；白领女强人拥有下岗女工羡慕的名誉、地位和收入，而下岗女工则拥有白领女强人所羡慕的准时回家吃饭的老公。

不要去羡慕别人拥有的东西，因为自己也拥有别人所羡慕的东西。世界上没有两片完全相同的树叶，也不会有两种完全相同的人生！所以，好好珍惜自己的生活，精彩就在当下，幸福就在身边！

休息一会儿，等一下自己的影子

记得有部电视剧里面有这样一句话：走得太远，都忘了当初为什么出发。

街道上那些神色匆匆的路人，每天那样忙碌到底是为了什么，相信没有人能说得清楚。心中的那个理想在现实的压力下已经渐行渐远。

亲情在现在的社会已经越来越淡，忙碌已经覆盖了现实年轻人的心灵，不是他们不想，只是他们一直认为自己没有时间去关心自己的父母，认为自己将来有时间来照顾他们！

可惜的是，树欲静而风不止，子欲养而亲不待！

走得太累，就让自己的心情休息一会儿，常回家看看，等一下自己的影子！

亲情，是一首永恒的歌

春天的早晨，阳光暖暖地打在陶陶的脸上。他满足地坐在自行车的后座上，享受着雪糕带来的美味和星期天的快感。

“陶陶，别把雪糕滴在妈妈背上！”陶陶的前面，传来了妈妈一声近乎快乐的责备声。

“嘻嘻，妈妈，你太聪明了，你怎么知道你身后发生的事情？”陶陶感到非常惊奇。

“因为妈妈的衣服都湿了呀！”

于是陶陶往后挪了挪，离开了妈妈那可以遮风挡雨的身体。这时又传来了妈妈的声音：“宝贝儿，还是靠着妈妈吧！离远了，妈妈反而心里不踏实！”

就在离十字路口不远的地方，一辆载满石头的卡车像头受了惊的野兽，径直冲出了马路。妈妈没来得及呼喊，立刻本能地推开了陶陶。一切来得太突然，让人什么也来不及想，什么也来不及做，就在那一刹那间，一切都改变了……

摔在远处的陶陶同样来不及作任何反应，此时莫名其妙地坐在地上，眼睁睁地看着妈妈和自行车一起卷进了卡车的后轮。他没有哭，只是下意识地舔了舔还握在手里的雪糕，直到救护车来了，医生看了看妈妈那血肉模糊的脚，决定需要立刻截肢。陶陶尽管很小，但他似乎终于明白发生了什么事，号啕大哭的声音引得围观的人们一同落泪……

从那天起，妈妈用上了拐杖。

从那天起，陶陶知道了生命的宝贵。

陶陶小小年纪总是会看着妈妈的假肢发呆：妈妈再也不能穿上花裙子跳舞了，是妈妈的腿换来了我的生命，妈妈失去了工作，我要用我这珍贵的、短暂的生命，为妈妈带来世间最美好的东西。

那一年，陶陶6岁。

那一天，陶陶上了一生中最难忘的一课——那仅有一次的生命存在一眨眼间。陶陶渐渐懂事了，陶陶慢慢长大了。

在学校里，他拥有12年超人的成绩，因为他珍惜；在家里，他从来都是妈妈身边随叫随到的孝子，因为他珍惜；在事业上，他已是众人中的佼佼者，因为他珍惜；在他眼里，一切困难他都可以去克服，一切事物他都有信心让它变得更美好，只因他珍惜。

珍惜生命，珍惜瞬间。

又是一个同样暖洋洋的春天。不同的是，这次是长大成人的陶陶用自行车载着已经不再年轻的妈妈。

妈妈闭着眼，靠在陶陶壮实的背上。温和的阳光洒在妈妈苍老而幸福的脸庞上——妈妈流下了幸福的眼泪。

“妈妈，你怎么哭了？”

“啊，你怎么知道妈妈哭了？”

“因为我的衣服都湿了呀！”

那一年，陶陶30岁，他已拥有物质和精神上所有的财富。

那一刻，他和妈妈就这样靠着，自行车缓缓地移动。

他实现了曾经许下的诺言。

有个安乐国，国王叫安乐王。他有三个个性完全不同的女儿。大公主爱打扮，天天浓妆艳抹，穿红戴绿；二公主一天到晚轻歌曼舞，吃喝玩乐；三公主却个性随和，爱穿布衣、吃素食、读诗文。

安乐王年老了，他成天为把这王位传给谁而苦恼。大公主、二公主整天贪图享受，不知进取，三公主贤淑方正，为人和蔼，比较合适。安乐王终于拿定主意，要给三公主早日成亲，尽早立业。

一天，安乐王对三公主道："儿呀，你已老大不小了，有一个当朝首富，他家有一座金山，一座银山……"不待安乐王说完，三公主有些不耐烦了："父王，女儿不愿意。女儿终身不嫁，甘愿侍奉父王一世。"安乐王听三公主说终身不嫁，立即气得暴跳如雷："你这逆子，你敢违抗父王的旨意！不管你愿还是不愿，今日定亲，明日行聘，后天就成婚！"

第二天一早，准驸马一路吹吹打打前来送聘礼，王宫里的黄金白银、珍珠玛瑙立刻堆成了小山。安乐王看了高兴得什么似的，忙吩咐请出三公主与富贵人相见！

不一会儿一个宫女慌慌张张地跑来："启禀陛下，不好了！三公主失踪了！"安乐王立刻慌了神，顿足道："快来人呀，给我去找三公主！"霎时间，王宫里一片混乱，宫女、太监奔来窜去到处搜寻。

半年过去了，安乐王终于在舟山桃花岛的白鹤寺里找到了三公主。可是三公主已出家当了尼姑，法名如意。安乐王派很多人去劝说三公主，要她还俗回宫。谁知三公主去意已决，毫不动摇。

安乐王见好言不成，便用重金买通白鹤寺的师姑，要师姑加倍虐待三公主，逼她走投无路最终还俗。那师姑得了银子，黑了良心，想尽一切办法折磨三公主。每日天不亮就叫她起床挑水，直到夜里星斗齐明，方才准许她回房歇息，稍有怠慢就鞭抽棍打，不给饭吃。可怜三公主自幼被父王视为珍宝，哪吃过这般苦，只见身体一天天消瘦，面容一天天憔悴。但她还是咬紧牙关在苦难中艰难度日。

一年寒冬腊月，大雪纷飞，桃花岛上银装素裹。狠心的师姑叫她上山砍柴。她冒着寒风在雪地上爬呀爬，寻找柴草。渐渐地，手脚麻木了，山石划破了原本单薄的衣服，三公主终于一头栽倒在山沟里……朦胧间，一个白须白发的老翁走上山来。老翁走到三公主身边，掏出一颗龙眼大小明晃晃的珠子，放在她嘴里。"咕咚"一声，珠子掉进嘴里，顺着喉咙滑下肚去。说来也怪，珠子一落肚，三公主顿时神清气爽，眼明脑灵。三公主决定就在那座荒山上结茅为蓬，与鸟兽作伴，独自念经修行，祈求上天能保佑她的父亲常乐久安。

安乐王在宫里得了一种怪病，忽然浑身奇痒难耐，身上长出一种奇异的脓疮，访遍天下名医，用尽天下良药，病情仍不见好转。安乐王躺在床上等待着死神的召唤。恍惚间，一个声音在他耳边叫唤："安乐王，要想活命，快去普陀求你的三女儿！"安乐王清醒了，赶快命人一同前去拜见三公主。

安乐王来到礁洞前哀声呼叫："孩子啊，只有你能救父王了！女儿呀，快来救救你可怜的父王吧！"

突然，洞里透出一道黄色的亮光，只见三公主依旧端坐莲台，向安乐王合十稽首道："父王不必多虑，孩儿无论走到哪里都不会忘记你的养育之恩，今日，父王只需将女儿手臂拿去研磨，作为药引子服下，疾病定会立刻痊愈。"说着，"咔嚓"一声，一道白光划过天空，三公主折断了手臂。

安乐王接过女儿的手臂，想着女儿失去手臂，今后会落下残疾，不禁老泪纵横。

这一出人间感人的场面，感动了天上的玉帝，忽见洞中金光耀眼，三公主两腋之下长出了无数条手臂。安乐王一时不敢相信自己的眼睛，欣喜道："我女积善积德，修成正果，得道成佛了！"

后来三公主成了救苦救难的观世音菩萨。她修行得道的荒山就是洛迦山，后来现身的礁洞就是普陀山梵音洞。

生活中，父母的爱随处可见可感，而不是每个人都能知道感恩。一个不知道感恩的人，只会向别人索取，而不能给予社会什么，只能是一个自私自利的人。亲情是感人肺腑的，是最动人的歌，最清亮的溪，有人呼吁，该让我们站出来，向父母说一声谢谢。

妙语人生

亲情，是一首永恒的歌，是那种柔和甜美、低声吟唱的曲调；亲情，是一条不息的溪，是那种潺潺流过、沁人心脾的水流。亲情的流露不是用豪言壮语，而是在生活的点滴中。亲情如发，细微而又浓密。

生命中最好的养料莫过于爱

在我们的生命中，总有一种爱将我们支撑，总有一种爱让我们铭记，总有一种爱让我们内心震颤。

有一种思念可以很长，有一种记忆可以很久，有一双舒适和温暖的手心，让我们一生无法忘怀。

中午高峰时间过去了，原本拥挤的小吃店，客人都已渐渐散去，老板正要坐下歇息的时候，门被推开了。

有人走了进来，是一位老奶奶和一个小男孩。

“牛肉汤饭多少钱一碗呢？”奶奶坐下来拿出钱袋数了数钱，叫了一碗热气腾腾的汤饭。奶奶将碗推向孙子面前，小男孩咬着嘴唇，吞了吞口水，望着奶奶说：“奶奶，您真的吃过午饭了吗？”“当然了。”奶奶含着一块萝卜咸菜慢慢咀嚼。一晃眼工夫，小男孩就把一碗饭吃个精光。

老板看到这幅景象，心被一只无形的手紧紧地攥了一下。老板走到两个人面前说：“老太太，恭喜您，您今天运气真好，您是我们店里的第100个客人，所以我们将免费送您一碗牛肉汤饭。”

事情过了一个多月，老板几乎忘记了男孩和他的奶奶。

一天，无意间望向窗外的老板看见那小男孩蹲在饭店对面，嘴里不停地念叨着，像在数着什么东西。这使得老板感到莫名其妙。

原来小男孩每看到一个客人走进店里，就把手中的一粒石子放到他的口袋里，但是午餐时间都快过去了，小石子却连50个都不到。

看到这里，老板心急如焚，连忙打电话给所有的老顾客。“您现在很忙吗？如果没什么事，我今天请你来吃牛肉汤饭，我请客。”半小时后，客人开始一个接一个地到来了。

“91、92、93……”小男孩数得越来越快，越来越有信心。终于当第99个小石子被放进口袋里的那一刻，小男孩拉着奶奶的手匆匆跑进了饭店。

小男孩成功了。“奶奶，这一次换我请客了。”小男孩掩盖不住满脸的得意。

真正成为第100个客人的奶奶，让孙子点了一碗热腾腾的牛肉汤饭。而这次小男孩就像奶奶上次一样，含了块萝卜咸菜在口中来回地咀嚼着。

“也送一碗给那男孩吧。”老板娘有点看不下去了。

“一碗汤饭比起不吃东西也会饱的道理来，实在太微不足道了。”老板回答。

呼噜呼噜……奶奶喝汤的声音引得小男孩不住地咽着口水。奶奶问小孙子：“要不要留一些给你？”

没想到小男孩却撩起背心，拍拍他用力鼓起的小肚皮，对奶奶说：“不用了，我很饱，奶奶不信您看……”

亲情是什么？是美丽人生的载体，是精彩人生的基石！人世间最美好的事情是小手拉大手的温馨，是温暖怀抱的感动！

没有人能逃得过亲情的包围，没有人在长大的过程中能缺少亲情的养料！

一个小男孩，有着参差不齐且向外凸出的牙齿和一条因为小儿麻痹留下的两条瘸腿。小男孩几乎认为自己是地球上最不幸的孩子。他不爱说话，很少与同学们结伴游戏或玩耍，甚至老师叫他回答问题时，他都只是低着头，保持沉默。

又是一个新的春天，小男孩的父亲从林场买了好多树苗，他想把它们栽在房前屋后。他把他所有的孩子，叫到面前，叫他们每人栽一棵。父亲对孩子们说，这次，谁栽的树苗长得最好，就带谁去乘坐滑翔艇。小男孩做梦都想去看大海。小男孩看到了其他兄妹欢蹦乱跳地投入了积极的劳动中，而他却刹那间萌生出了一种悲伤的想法：放弃自己栽的那棵树，甚至希望它早点一声不响地死去。因此，为了应付父亲，他在浇过一两次水后，就再也没去看护过它。

一个星期过去了，小男孩悄悄地来到那棵树前惊奇地发现小树不仅没有旱死，反而还长出了几片嫩嫩的新叶子，与兄妹们种的树相比，不但不憔悴，反而更加有生气。

父亲实现了自己的诺言，他把小男孩带到了倾心已久的海边，坐在游艇里对他说，从他栽的树的热情与技术上来看，他长大后一定能成为一名出色的植物学家。

从海边回来以后，所有的人都奇怪地发现，小男孩慢慢变得积极向上起来。

一个月朗星稀的夜晚，小男孩躺在床上辗转反侧，窗外皎洁明亮的月光一泻千里，他忽然想起植物老师曾在课堂上说过的一句话：几乎所有的植物，都会选择在晚上生长。小男孩有一种强烈的愿望，马上去看看自己种的那棵小树。为了不吵到别人，他轻手轻脚地绕过大厅，来到院子里。借着月光，他看见父亲正用喷壶在向自己栽种的那棵树下泼洒着什么。立刻间，他明白了一切，那棵小树真的会在晚上长大的一个重要原因是父亲一直在偷偷地为它浇水、施肥！他在原地待了好久，任凭泪水肆意地奔流……

时间飞快地前进，一眨眼，几十年过去了，那瘸腿的小男孩虽然没有按照父亲的愿望成为一名出色的植物学家，但他却成为了美国一名杰出的政治家。

生命中最好的养料莫过于爱，只需浅浅的一勺清水，就能使生命之树生根发芽、茁壮成长。尽管有时，那树是极其的平凡，甚至是不起眼；尽管有时，那树是极其的瘦小，甚至还有些枯萎，但只要得到了爱的滋润，它就能健康成长，甚至变成参天大树。

妙语人生

也许，幸福并不是一种完美和永恒，而是心灵与生活万物的一种感应和共鸣，是一种生命中的美丽，是一种内心对生活的感觉和领悟。就像花朵在黎明前开放的一刻，秋叶在飘落的一瞬间，执手相看时的泪眼，心中的月亮圆缺……其实，每个快乐的时光都是幸福的。

天堂里的“赛跑”

根本不需要天长地久的誓言，亲情之于彼此之间，是一种不言而喻的默契！

一天，马路上发生了一场交通事故，所见之人，无不为之动容。当时，一个盲人正带着他的导盲犬过街，一辆迎面而来的大卡车突然失去了控制，一路呼啸而来，可怜的盲人来不及躲闪，当场被撞死，他的导盲犬为了救护主人，也一起惨死在车轮底下。主人和忠实的狗一起来到了天堂门前。

一个白衣仙子，哦，不，应该确切地叫作天使的人，拦住了他俩，十分抱歉地说：“两位，实在对不起，现在天堂人满为患，这里只剩下一个名额，也就是说你们两个中必须有一个选择去地狱。”

主人一听，赶忙说道：“我的狗只知道对我寸步不离，它根本不知道什么是天堂什么是地狱，能不能让我来决定谁能去天堂呢？”

天使对主人充满了反感，鄙视地看了他一眼，皱起了眉心，她强压怒火，保持平静地说：“很抱歉先生，在上帝面前，每一个灵魂都是平等的，你们只有通过竞争的方式决定由谁上天堂。”主人有点失望。再次问道：“哦，我们怎么竞赛呢？”

天使说：“其实，这个比赛很简单，就是你们两个进行赛跑，从这里跑到天堂的大门，谁先到达目的地，谁就可以上天堂。现在你可以睁开你的眼睛了，因为你已经死了，所以不再是瞎子，而且灵魂的速度远远超过了肉体的速度，越心地善良的人跑得会越快。”主人想了想，点点头，表示同意了。

主人和狗都准备好了，天使宣布赛跑开始。她甚至想到了主人为了进天堂，会拼命往前奔的丑恶嘴脸……

可是让天使感到意外的是，主人表现得一点也不慌忙，他一直慢吞吞地往前走着。更令天使吃惊的是，那条忠实的导盲犬也没有发疯似的奔跑，它依然跟着主人的步调，在旁边静静地跟着，没有丝毫要抛弃主人的意思。

他们就这样，相依为命地慢慢走着，谁都不肯超过彼此半步……

天使恍然大悟：原来，这条导盲犬早已将主人看作自己的生命，它永远紧跟着主人一起行动，永远在主人的身边守护着他。天使想到了人类的险恶用心，他更加厌恶这个主人，他责怪他利用了小狗忠实的这一点，才故意表现得胸有成竹，稳操胜券，他只要在天堂门口向他的狗发出一声停下的命令，就能轻而易举地赢得比赛，步入天堂。

天使不忍心看到这条忠心耿耿的狗受到狠心的愚弄，她大声对狗说："现在，你这个主人不再是瞎子，你再也不用保护他走路了，你已经为你的主人献出了宝贵的生命，你快跑进天堂吧！"

可是，无论主人还是他的狗，都好像听不懂天使的话一样，仍然结伴慢吞吞地向前走，好像在晨雾里散步一样。

果然不出天使所料，在离终点还有几步之遥的时候，主人向狗发出了一声口令，狗顺从地坐下了，天使对人类几乎绝望到了极点。

这时，主人长长地舒了口气，笑了，他扭过头对天使说："我终于把我心爱的狗亲自送到天堂了，我最担心的如果没有我的陪伴，它根本不想踏上这条通往天堂的路，而只想跟我在一起……所以我才想帮它做出最后的决定，请你帮忙照顾好它。"

天使没有了言语，愣住了。

主人恋恋不舍地看着自己的狗，接着说："能够用比赛的方式决定真是太好了，这样我就可以命令它再往前走几步，它就可以上天堂了。不过它陪伴了我那么多年，这是我第一次可以用自己的眼睛看清楚它，所以在这条短暂的小路上，我忍不住想要慢慢地走，我只想多看它一会儿。如果一切可以重新来过，我真希望永远看着它走下去。不过天堂到了，这个地方只有它去才是最合适的，请你照顾好它。”

说完这些话，主人向狗发出了一声前进的命令，就在狗即将到达极乐世界的一刹那，主人像一支离弦的剑似的，以最快的速度向着地狱的方向落下。他的狗回头不见了主人，急忙掉转头，追随着主人一路狂奔。心地善良的天使张了翅膀追过去，想要伸手抓住导盲犬，不过那是世界上最纯洁善良的灵魂，速度远比天堂所有的天使都快。

导盲犬又跟主人在一起了，即使是在地狱，导盲犬也会永远忠实地守护着它的主人。

天使久久地站在天堂与地狱的分界线那里，喃喃自语：“我的做法从开始就错了，这两个灵魂是一体的，他们不能分开……”

幸福的感觉，不仅限于人的物质享乐和感官满足，人的精神快乐和幸福才是至关重要的。世界上的万物，包括人之外的动物，都有着追求幸福的愿望，都有着精神上的满足和灵魂上的追求。因此，快乐和幸福不只具有外在的内容，而且更为重要的是灵魂的内涵。在肉体快乐和精神快乐二者之间，我们不排除肉体快乐，但是要把肉体快乐看作比精神快乐低一层次的追求。精神和灵魂是肉体的向导，肉体反射出灵魂的闪光，灵魂不仅要求自身的宁静和快乐，而且要对肉体的快乐和幸福负责。只有实现了二者有机的结合，人们才能享受到真正的快乐和幸福。

妙语人生

幸福是什么？是自己累了的时候可以有一个地方让自己好好的休息！在这个地方有自己最亲的人，没有人埋怨，没有人惋惜！别人只会关心你飞得有多高，可他们只会关心你飞得累不累！

硝烟中的母爱

世上有一种爱，最无私，向你倾尽所有；最伟大，你的一生都要从这里开始；最高尚，对你的付出从来不需要回报；最纯洁，都是那么的自然、真诚，不会掺入半点瑕疵。这就是母爱。

一位美国战地记者从越南归来，给MBA学员放映一卷他在战场上实拍的影片：画面上小小的人影，远处突然传来机枪扫射的声音，有一群人奔逃，接着一个个倒下了。

胶卷放完了，他问同学们看见了什么。同学们异口同声地说："是血腥的大屠杀画面！"他没有说话，把片子倒回去，又放了一遍，并指着其中的一个人影，提示大家："你们看！大家都是随着枪声同时倒下去的，只有这一个人，倒得特别特别慢，而且不是向前扑倒，她慢慢地蹲下去……"说到这里他居然轻轻地抽搐了起来，同学们一脸茫然的神色。他接着说："当枪战结束之后，一切恢复了平静，我走近一看，发现那是一个抱着孩子的年轻妈妈，她在中枪要死之前，居然还怕摔伤了孩子，而慢慢地蹲下去。她是忍着不死啊。"

"忍着不死！"何等伟大的母亲！

母爱是伟大的，其实世界上远不止人类有母爱。南极的科学家在风雪中经常看到成千上万的企鹅，面朝着同一个方向傲然毅立着。一开始没有人明白是什么原因使它们能如此整齐、如此坚强地朝同一个方向呢？细细观察后，考察队员们终于发现，每一只大企鹅的前面，都有着一团毛茸茸的小东西。原来它们是一群伟大的母亲，守着面前的孩子，由于自己的腹部太圆，无法像其他动物那样俯身在小企鹅之上为它取暖，便只好用自己的身体，遮挡住极地刺骨的寒风。

多么伟大、壮观的母亲形象啊！不同的母亲，会以不同的方式，表达自己对孩子的爱。

比如，长颈鹿的妈妈，它们把一只长颈鹿带到世上是一个艰难的过程。长颈鹿胎儿足月以后从母亲的子宫里掉出来，落到大约3米下的地面上，通常胎儿先用后背着地。过了几秒钟，它会翻过身，把四肢蜷在身体下。保持这个姿势，它第一次好奇地审视着这个世界。小长颈鹿不停地甩掉眼睛和耳朵里最后残存的一点羊水。长颈鹿母亲靠近孩子，低下头，看清小长颈鹿的位置，将自己确定在小长颈鹿的正上方。它等待了大约一分钟，然后做出一件十分不合常理的事情——它抬起长长的结实的腿，狠心地踢向它的孩子，让孩子翻一个跟头，让它四肢摊开。长颈鹿母亲就用这种粗暴的方式迎接它的孩子的到来。

如果小长颈鹿偷懒，几分钟后还不愿努力站起身，这个粗暴的动作就被长颈鹿妈妈不断地一次又一次重复。小长颈鹿为了学会站立，只有拼命努力。有时它会很疲倦，有时小长颈鹿会停止努力，准备放弃。母亲看到，就会再次勇猛地踢向它，迫使它继续努力。直到最后，小长颈鹿终于第一次用抖动的双腿站起身来。

小长颈鹿十分得意，它希望得到母亲的表扬。可是这时，长颈鹿母亲却又做出更不合常理的举动：它再次把小长颈鹿踢翻在地，因为它想让孩子深刻地记住自己是怎么站起来的。

在荒野中，狮子、土狼等野兽都喜欢猎食小长颈鹿，为了保全性命，为了使自己不与鹿群脱离，小长颈鹿必须能够以最快的速度随时随地站起来，这样，在鹿群里它才会是安全的。如果长颈鹿母亲不教会它的孩子尽快站起来，与大部队保持一致，那么，它就一定会成为这些野兽的美味佳肴。

提到母亲，人们就会想起母爱的无私，就会想起母亲的辛劳。每当谈及这些有关母亲的话题，人们的内心深处总会充满敬意和感激之情，母爱总是让人热泪盈眶。孩子是母亲的心。孩子要在身边，母亲就心安；孩子要外出，就会把母亲的心带走。孩子一天不在母亲的视线里，母亲就牵挂一天；一年不在母亲身边，母亲就惦记一年。

如果不把别人认为是自己，再亲密的关系也不可能没有功利性。只有把所爱的人看成是自己，就不会再分你我了。孩子与母亲是不可分割的整体。母亲爱孩子，就是把孩子看成了自己。在母亲的心里，尽管孩子已经脱离了母体，长大、独立、远离，但孩子永远是长在母亲身上的一块肉。

妙语人生

曾经想过知心的朋友，想过热恋的情人，想过患难的夫妻，想过一母同胞……但都算不上百分之百的感情关系。只有母子之间是最纯真的，准确地说应该是母亲对儿女是最无功利性的，反之则未必。

给自己留一点时间，常回家看看，父母其实没有什么奢求，只希望每天能看到一个开开心心、健健康康的孩子，这就知足了！

花开无言，花谢无声

冰心说过：“父爱是沉默的，如果你感觉到了那就不是父爱了！”母爱的伟大使我们一时忽略了父爱的存在和意义，但是对于许多人来说，父爱一直以特有的沉静的方式影响着他们。父爱怪就怪在这里，它是羞于表达的，疏于张扬的，却巍峨持重，所以有聪明人说，父爱如山。

当传达室的冯大爷拿着一张纸条在教室门外向张健老师示意时，他正在讲台上接受市教研室领导关于“青年骨干教师”的最后一道程序的考核——一堂语文公开课。张健老师抽到的课题是朱自清的《背影》。张健老师让学生齐读“父亲为我买橘子”的那段文字，然后悄悄接过冯大爷手中的纸条（其实是乡下表哥打来的电话记录单）——上面赫然写着父亲病故的噩耗！

张健听见悲痛在自己脑门前炸响的霹雳，艰难地平衡着失去重心的身体，命令自己保持平静。恍惚间，张健看见父亲隆起的后背正从他心里一步步地离去。在学生们清亮整齐的朗读声中，“他蹒跚地走到铁道边，慢慢弯下身去，然后吃力地攀上月台，买回诱人的橘子抱在怀中，转而向我走来……”

张健浑然不觉地和父亲一起进入《背影》的情境。他从未像今天这样完全沉浸在自己的讲述中……热烈的掌声给这堂公开课画上了一个圆满的句号，而张健脸上不知何时已是一片冰冷的潮湿。父亲，你为什么长着那样温暖而又那样丑陋的驼背？

张健的父亲是一个老石匠，靠打制石磨为生。因为他的驼背，近不惑之年才娶了“有点傻”的母亲，两年之后才生下张健。张健是在父亲带有弧度的怀里长大的。黑夜里，父亲只能侧卧得身体像一把弓，张健是弓上的弦，夜夜枕着他的鼾声入眠。白天，父亲系在腰间的布兜是张健安全的摇篮，张健像只小袋鼠一样在父亲的怀里倾听他那声“打磨来——”走村串户，一年又一年，花开又花落。

仿佛一场梦的工夫，张健已长成翩翩少年。父亲的背越来越驼，张健的成绩也越来越好。父亲看儿子的眼神犹如审视一轮尚未打錾完工的石磨，但他对自己的技艺充满信心。

时代的发展渐渐萎缩了石磨的市场，父亲却出色地完成了打錾儿子的第一道工序，张健以优异的成绩从乡村小学考入县中，在乡亲们中轰动一时。父亲驼背上负载的希望是把儿子培养成“吃皇粮”的文化人。父亲在乡亲们的预言中透支着遥远的幸福，脸上开放着由衷的笑容。接过父亲千锤万錾从磨齿间铣下的学费，张健小鸟一样飞向另一个新奇广阔的世界。

进入初中，已有些粉嫩的心思开始进入张健的梦乡，青春正在体内晃晃悠悠地苏醒、拔节。张健和所有的男生一样开始把自己的最整洁、最英勇、最光彩的一面有意无意地向女生们展示。初中生到了爱美的年龄。

有一次，张健的脸上不知怎么沾上了钢笔印却浑然不觉，结果被一个同学当众指出，引得全班同学哈哈大笑。这个洋相令张健既气恼又伤心，尤其是漂亮的文体委员也在偷偷地笑。她怎么可以笑呢？要知道她是张健有生以来最在乎的一个女生。张健简直沮丧到了极点。

而父亲就在张健最失意的深秋带着山里人的拘谨，把他两鬓苍茫的枯瘦面庞探进了静静的课堂。他像无数次到乡村小学里找儿子一样，拘谨地对老师说：“我找狗蛋。”

教室里立即响起哧哧的笑声，所有的目光都在搜寻是谁拥有这个粗俗的乳名。张健羞得脸颊发烫，迟迟不愿站起来承认自己的身份。在老师觉得“查无此人”时父亲干脆走进课堂，惊喜地指着张健说：“狗蛋，爹叫你咋不应咧？”张健绝望地接受了父亲的驼背已完全暴露的现实。张健第一次觉得父亲是那么卑微、丑陋和猥琐。

父亲的到来像一把锤子在张健已经如玻璃一样易碎的自信上又敲打了一遍。张健感到同学们的目光里充满了鄙夷和不屑，张健还悲伤地想起，父亲的驼背反映到文体委员脸上的表情一定是那种夸张的惊讶，张健再也无法赢得她的好感了。张健几乎要崩溃了。

带着隐私被曝光的羞辱和愤怒，张健逃也似的离开教室。父亲继续佝偻着身子气喘吁吁地追到宿舍。张健对父亲送来的鸡蛋和提前备好的棉衣毫不理会。

“狗蛋，你咋了？”父亲不解地问。

“咋啦？”张健鼻子一酸，眼泪簌簌地掉下来，委屈地说：“爹，缺什么我放假会自己回家拿的，谁要你这样——跑到教室里，让全班同学看我的笑话！”

那个中间的停顿是张健在弯腰模仿父亲的驼背。

父亲脸上最初的惊喜被儿子的一番话冻结成一尊生硬的雕塑。这一瞬间，他的容貌在急剧地衰老。好一会儿，他才恢复了神志似的，喃喃地说：“那，爹走了……”刚走两步，又回头，从贴身的口袋里掏出20块钱递给张健……目送父亲的驼背渐渐远去，张健隐隐觉得自己有点过分。

父亲果真从此不来学校找张健。放假回家，张健和父亲之间已找不到原先的亲热。父亲在张健的假期里尽量给儿子改善伙食，张健则利用点滴时间学习以宽慰父亲望子成龙的苦心。那次不愉快的见面，他们俩谁也没提起，可他们又分明能从对方身上触景生情地想起那一幕。吃完饭，张健做功课，父亲就默默地坐到门口的槐树下打錾一轮巨大的石磨。这是他一生中铣得最大、錾得最精、耗时最长的一次制作。在叮叮当当的敲击声中，父亲的神情凄凉而悲壮。

父亲“失业”了。整个初一，除了和父亲的那点不愉快，书倒是读得风调雨顺，张健很快就被编入初二“强化班”，与众多的尖子生群雄逐鹿。“强化班”的征订资料多起来，学习时间多起来，伙食标准高起来……这些直接导致了父亲的日子难起来。而沉默寡言的父亲依然在每个月末登上槐树下那轮石磨，用最急切的目光把儿子盼回来，再用最不舍的目光把儿子送走。一次次地从父亲手里接过略多于张健生活所需的钞票，张健总是不相信他们贫穷的家底还有如此巨大的弹性。最令张健疑惑的是父亲的双手和脸上常常可见锐器划伤的痕迹。父亲说，人老了，风一吹皮肤就开裂，没事的。

大约是6月的一天，学校例外放了三天假。张健像往常一样乘车回到镇上，再准备徒步回到村里。6月的阳光已跃跃欲试地卖弄它的炎热。途经一片沙石厂，见几条装满沙石的大船正停在离张健不足10米的河岸边，许多民工正用柳筐竹箩一趟趟将船上的沙石运送上岸，再由建筑队用拖拉机运走。

突然，张健看见父亲挑着一担沙石从船舱里探出身来，极其艰难地登上竹梯，然后踏上那条连接船舷和河岸的宽不足尺的木板，像一个杂技演员一样，险象环生地缓缓前移。父亲的驼背几乎屈成了直角，上半身完全裸露在阳光下，黝黑的皮肤随着扁担的颤动在脊骨两侧左右牵扯。而那根扁担对父亲来说根本不能算挑，算是背，因为它不在肩上，而是横跨在父亲的背部。有人在背后急吼吼地喊：“罗锅子，快点儿，你挡着我的道了！”如此悲壮的一幕烙铁一样烧痛了张健的眼睛。他认识到自己对父亲的无理是多么可耻。

一年后，张健这个“强化班”的第一名在一片惋惜与不解中考进了师范学校。张健只想早一点工作以解脱父亲的负担。在师范里，张健一边自学大学课程，一边做家教。每每想起父亲的驼背，张健就有流泪的冲动。好在父亲并没有记恨张健的意思，张健打算在适当的时候向他道个歉，父亲一定会原谅他的。

一晃就毕业了。人大了，脸皮反而薄起来。在无数欲说还羞得忸怩中，张健被分到离家100多里的一所中学教书去了。临行时，张健有些内疚地对父亲说："有空到我学校去走动走动。"父亲竟表现出旧伤复发似的惊恐，连连摇头："不去，不去，太远咧……"听得张健心里酸酸的直打冷战。

开学快一个月了，张健忙得仍没有头绪。教两个班的语文兼班主任，还要负责学校广播站的工作，每天夜里非11点不能就寝。一天晚上，张健刚拧亮宿舍的台灯写第四周的工作总结的时候，听见有人敲窗子。透过玻璃，张健看见父亲站在窗下，张健在打开门锁的刹那，父亲机警地扫视了一下身后，然后闪身进屋并关紧了门。张健一边点煤炉弄饭给他吃，一边整理床铺给父亲睡觉，还用书给自己做了一个临时的枕头，父亲拉住张健的手说："别忙活，我来看看你，要是挺好，我就放心了，这就走……"张健几乎有些哽咽，一句话也说不出来，只定定地看着父亲，父亲的头发全白了，他的背更驼了，使他怀里的空间更为狭窄。但就是这样狭窄的胸怀，却能包容儿子的所有的任性无知。张健说："爹，实在要走，明天再走。"父亲说："明天走，人多嘴杂的，不好……"父亲终于固执地消失在夜色中。他高高隆起的后背像一只容器，倒给张健的是朴实的父爱，盛回去的却是令人心痛的误解。

而现在，父亲竟然去了，来不及接受儿子最悔痛的表达，坐在返乡的汽车里，张健的心一阵又一阵地被痛猛烈冲击着……

妙语人生

这个世界不存在完美的人生，但我们可以追求完美！没有人喜欢懊悔，但懊悔的时候问题，其实还是自己造成的！

忙碌之余给自己的心灵留一点空间来感受家庭的温馨，因为，只要父母能够看到你，他们的脸上就会露出如花的笑颜！

奇迹的发生，只因有爱

世界上的“百米飞人”博尔特，他在一次一次创造着人类田径史上的奇迹。其实，这样的奇迹，也会发生在我们的周围，只因为，母爱无边！

这是一则曾炒得沸沸扬扬的新闻。说的是一位母亲，当她从菜市场买菜回来时，在自家楼房的马路对面，瞥见三岁的儿子正爬到没有栏杆的阳台上。幸好，在她盯着儿子发呆时，儿子也惊喜地发现了她。她朝儿子摆了摆手，示意儿子赶紧爬下阳台。儿子毕竟才三岁，哪懂得她的心思啊，他只认为妈妈要抱他，便做出了一个拥抱的姿势向她扑来。

人们都惊呆了。谁也没有想到，有一道黑色的旋风，从他们眼前呼啸而过，穿过马路，向孩子坠落的地方奔去。黑色的旋风，正是她。此时，她正跌坐在地上，而她三岁的儿子正在她的怀里哇哇大哭。儿子安然无恙，她却脸色煞白。

人们又一次惊呆了。要知道，在极短的时间从马路那边跑到马路这边并稳稳地接住儿子，是根本不可能的，可奇迹就发生在眼皮底下，容不得人们怀疑。

第二天，某报的头版有一行醒目的文字告诉了人们答案：亲情的速度无法衡量。

同样，前一段时间，在杭州，诞生了一个“最美妈妈”，她用自己的行动又一次诠释了母爱的伟大！

2011年7月2日下午，很多电话打进《快报》85100000热线，非常激动地讲着同一件事：一个孩子从10楼坠落，被一个女人用双手接住了！

这个女人就是后来被称为“杭州勇敢妈妈”的吴菊萍，她的行动感动了亿万网友也同样感动了海内外。

从一个人，到一座城市；从一次感动，到一片赞美；从一种牵挂，到一场洗礼。一位用双手托举生命更托举出真善美大爱的“最美妈妈”，感动了杭州、感动了中国、感动了世界。

美联社、法新社、英国《每日邮报》《每日电讯报》、美国《纽约邮报》、福克斯电视台等欧美媒体，巴基斯坦媒体、中东媒体都报道了“最美妈妈”吴菊萍的事迹。

加拿大广播公司7月5日报道说：吴菊萍能把一个从10楼掉下来的孩子接住真是一个奇迹，我们希望奇迹能够继续，妞妞可以活下来。

阿联酋国家报网站以“一个孩子、一个英雄、一个故事”为题发表评论表示，虽然，我们无法解释这样一种应对突发事件的本能反应，但是如果每个人都能做到这样，那这个世界肯定会变得更美好。

新西兰最大的媒体之一《英文先驱报》对杭州“最美妈妈”吴菊萍一事进行了报道，而且该新闻登上英文先驱报网站首页的显著位置。

世界各地众多网友也纷纷祝福吴菊萍和妞妞早日康复，赞扬吴菊萍是一个“守护天使”。

英国网友“詹姆斯”说：“应该送一枚勋章给吴菊萍。人们喜欢这样的真英雄，而非什么足球或电影明星。”

至少有四分之一的美国网友认为，最近世界上的新闻以负面为主，能在这个时候看到这样一条“好消息”，令人倍感温暖。

“最美妈妈”的神奇引起了国外网友的赞叹。甚至有美国网民提议，将今年美国职业棒球大联盟“金手套”奖颁给这位中国母亲——她这一接，将所有职业棒球运动员都比了下去。

有人粗略计算，接住一个从10楼坠下的两岁女童，大概相当于在0.1秒的时间内，受300公斤重量物体的撞击。如果不小心接错位置，就算不当场丢命，起码也是高位截瘫。所幸她用手臂接住了女孩，即便如此，她也落下了“多段粉碎性骨折”。

这是人性的真正伟大之处。老实说，假如给予充分的考虑时间，这样的抉择放在每个人面前——救还是不救——恐怕多数人会犹豫。但吴菊萍没有丝毫犹豫，上前一步，生的希望给了女孩，自己却笼罩在极度危险中。这是面对突发事件时人自然而然采取的一种去功利化的即时反应，是对生命的爱惜，反映了人性最本真的一种状态，正是孟子所说的“人皆有不忍人之心”。

现在人们感叹世风日下，人心不古。但也许，很多时候，是人自己用功利包裹了良心，蒙住了双眼。一旦在危急时刻，人内心深处的真善美就会自然流露。“最美妈妈”就是美在此处！我们应该相信一句听起来俗透了的话：“世上还是好人多。”

吴菊萍反复说，自己刚生了宝宝，知道养孩子不易。她觉察不到危险自然上前一步接住女童，这是平日荡漾内心的伟大母爱在那一瞬间的自发流露。

吴菊萍的一伸手，是对生命的接手，是无畏，是大爱。让我们共同弘扬这种伟大的爱！

妙语人生

没有人没有任何资格去怀疑自己的母亲，因为，是她把自己带到了这个世界！而我们要做的，除了感动，就是报答！

亲情是一种最简单、最直接，却最真挚的感情。亲情似水，淡淡的，只有用心去品，才会发觉其个中滋味；亲情是酒，愈久弥醇，会让人陶醉。亲情是我们最珍贵的情感之一，它无须伪装，无须掩饰，它是我们内心的自然流露。亲情是我们远走他乡时父母的那一声声叮咛，是我们痛苦时分那默默的一个拥抱，是我们即将绊倒时那轻轻的一次扶持，是睡觉时那个悄悄为我们盖上被子的动作。

那一份无言的爱

回忆有时候是一种甜蜜，但甜蜜之后更多是一种忧伤。

父亲走了，在被哮喘病、冠心病等好几种病痛折磨了数年后，还是在2006年中秋节那天，撒手人寰。是结束，也是解脱。

父亲是陈梅的继父。当年，陈梅的亲生父亲去世时，陈梅才3岁，为了生存，母亲带着陈梅改嫁给了他。说起当年母亲与继父的结合，还有一段佳话流传至今。当时的母亲没什么文化，又遭受了丈夫不幸病故的打击，可正当风华正茂的她不但心灵手巧，而且能说会做，上门提亲的人就络绎不绝，有为官的，有经商的，母亲一律拒绝了。母亲本来心意已决，要独自带着陈梅终老其身，强悍的奶奶一直未能打开父亲的病逝是母亲生辰八字太硬所以克死的迷信思想心结，想方设法将母亲和陈梅赶出了陈家大门。母亲无奈之下，只好跨出改嫁这一步。母亲的条件很简单，只有一条：要求对方心地善良。可是人心隔肚皮，又如何能一眼看清？母亲带着陈梅在姨妈家寄住了两个月。这期间，母亲常常日出夜访，四处打听，终于听说城南有个男人，兄弟四人，排行居三，其父亲是县城里很有名望的地主，从小家境殷实，可是新中国成立前夕却因为家境问题带来了灾祸，父辈被打倒，土地财产被政府没收。其他兄弟三人为了自保，纷纷与老父亲划清了界限，唯他没有。他守护着病中的老父亲，日伺三餐，夜掖被角。几年后，老父亲安然过世，他又东奔西凑，借钱来安葬了老父亲。因为老父亲的病一直将他拖到40岁上还是光棍一条；让老父亲安然入土，又使他负了一身外债。有哪个女人愿意嫁给这样一个又老又穷的男人？

母亲听说这个人的故事后，竟然抱着陈梅找到这个男人，她只对他说了一句话："只要你对我女儿好，我就嫁给你。"对于"穷在街前无人问"的他来说，这真是天上掉馅饼的事情！

就这样，母亲和继父结婚了。那一年，他41岁，母亲23岁，陈梅3岁。很快，陈梅就有了一个妹妹和一个弟弟。

刚结婚时的父亲，性格懒散，没有什么过家庭生活的经验，加上他又是"老三届"的高中生，嗜书如命，就三天两头地跑到县城中心的一个书摊上去看连环画，一看就是一天。母亲常常和他争吵。记忆中，父亲唯一一次"打"陈梅，就发生在那样的年月。那是个冬天的晴日，他又在书摊上待了一天，天近黑时才回来。母亲忙完生产队的活计回家来，正忙着喂妹妹吃奶，父亲就问母亲为什么还不做饭。本来就窝着一肚子火的母亲把半岁的妹妹往床上一扔，就和他争吵起来。父亲看见哭得满脸鼻涕眼泪的妹妹，嘴里说了一句："不要就大的小的全不要了。"说着，顺手把站在门边的陈梅提起来一扔，单薄瘦小的陈梅像一片树叶，被父亲的大手扔到门外，额头刚好磕在一块石板上，血"汩汩"地冒了出来。母亲跑出来抱起我，赶紧送到医院包扎。当天晚上，母亲背着妹妹，拉着陈梅，住到了姨妈家。父亲就一天三趟地往城东的姨妈家跑，他的歉疚和诚心在冰天雪地里一趟趟地接受着考验。半月后，在亲友们的劝说下，母亲原谅了他，他们又回到了城南的家。

改革开放以后，没文化但是极有胆略的母亲放弃了生产队的活计，带着父亲下了海。他们一起贩过鸡蛋、药材、粮食，包车把一堆堆货物拉到昆明、贵阳等地，赚来一沓沓票子。短短几年，陈梅家就在县城最繁华的建西路上盖起了门面房，家里有了冰箱、彩电等家用电器。在20世纪80年代末90年代初，他们的家境着实让无数人艳羡不已。

可是，父亲的哮喘病却在这个时候犯了，而且很严重，一用劲就喘不上来气。父亲只好赋闲在家，照顾我们姐弟三人的日常生活。母亲单枪匹马，无力再从事原来的生意，只好进了一批服装，早出晚归地在县城邻近的乡镇集市上零售。

1995年，他们家又经受了一场苦难的考验。那一年，父亲背着母亲帮他的一个同学担保贷款，15万款子贷出来不久就被那人挥霍一空，到还款期，那人却神秘失踪了，银行和法院的人就来没收陈梅家的房子。原来，父亲是用陈梅家房产证去做的抵押。母亲也是此时才知道整件事情的原委。在法院的强制执行面前，母亲瞪着一双"霍霍霍"往外喷火的眼睛，斩钉截铁地说了三个字："我还钱。"

母亲辛苦了大半辈子才积下这一座房子，自然不会拿房子去抵账。于是，母亲取出家里的所有积蓄，变卖了家里所有的电器，又东奔西借，凑了13万多一点，还给银行，银行的人考虑到我父亲受的是不白之冤，也就自认倒霉，赔了1万多。

自此，陈梅家的境况又跌入深渊。陈梅不得不结束刚开始3个月的大学学业，妹妹也放弃了高中的学习。母亲把父亲赶到城南的老屋里，要与他离婚。已经长大的我们就与亲戚朋友一起劝慰父母。年过半百的他们在打了几个月的拉锯战之后，还是为了他们姐弟三人和好了。

1996年春天，为了帮助家里还账，陈梅告别故乡，背上行囊，只身到了深圳，混入熙熙攘攘的打工人潮中。进厂的第七天，接到父亲的来信，展开信纸，父亲轻唤的一声"梅儿"，竟让陈梅潸然泪下。从3岁到20岁，18年来，父亲从来没有这么温柔地叫过她。印象中少言寡语的父亲，原来内心里也埋藏着如此深情的对女儿的爱。特别是在只身漂泊异地的那时那境，怎不令人感动！

三年后，陈梅与豫西南的丈夫相遇相识，他们情投意合，准备结成百年之好，可他们的婚事却遭到母亲极力反对。母亲的理由像面墙，横在陈梅的面前：她不舍她远嫁。这时，知书达理的父亲站出来劝慰母亲：女儿长大了，就应该让她自己去选择自己的生活，只要她觉得幸福就行。儿女们生活得幸福，这本来就是父母的初衷，你为什么要阻止自己的女儿去过自己幸福的生活呢?

在父亲的开导下，母亲心里的结慢慢开解，同意并操办了陈梅的婚事。

陈梅自1996年离开故乡开始，每年总要回乡探亲一次。看着父亲的白发一年多似一年，看着父亲的腰身一年弯似一年，父亲的哮喘病更是日重一日，双眼也患了白内障，看东西一日模糊一日，陈梅心里的隐痛也在日益加剧。2005年冬天，母亲送父亲到省城去做白内障摘除手术，手术没做成，父亲却被查出冠心病晚期的病灶来，父亲的思想压力立即增大。陈梅三天两头打电话劝慰他，并和他约好年后去接他来北方住一段时日，父亲欣然同意了。

2006年春节刚过，陈梅买好车票正欲动身去接父亲，母亲却打来电话，说父亲患了极其严重的痢疾病，出行很不方便，等好一点再说。陈梅只好将票退掉。一等又是月余，父亲的病稍好一点，陈梅又被单位派往外地学习三个月，回来接着被陷入日常琐事之中，一直到7月初，妹妹打电话告知陈梅父亲病重，陈梅才得以推掉一切事务，急匆匆赶到家，陪父亲住了一个月。那一个月里，陈梅帮父亲洗脚、剪指甲、洗衣服，常常和父亲促膝而谈。他们什么都谈，古今中外，天南地北，父亲讲述的时候，陈梅是一个最认真、最忠实的听众；陈梅描绘的时候，父亲就是一个最慈爱、最包容的长者。他们谈到最多的是弟弟，父亲交代陈梅以后条件宽裕了，要多照顾弟弟，可不能不管他。陈梅承诺父亲，说您放心吧，一定会尽力而为的。

一个月后，父亲的身体仍然没有好转的征兆，也没有恶化的迹象。放不下北方的工作和家庭，陈梅不得不告别父亲，返回北方继续奔忙。时隔两个月，陈梅接到父亲病重的电话准备再次返回故里，父亲却让母亲阻止陈梅回程，并交代母亲他走后，安静地将他埋葬，不要告诉陈梅。母亲想到陈梅是他的养女，在一个人生和死的大事上，他或者对陈梅心存芥蒂，又不敢跟病重的他细究，只好黯然落泪。

火急火燎的陈梅还是执意回到了家乡，直到跪伏在父亲的病榻前，父亲才气喘吁吁地道出了个中原因。他说陈梅的家庭负担太重，上有同样身患重病的公公，下有刚上小学的孩子，工作忙，离家乡的路途又远，无论是经济还是精力，对于南北奔波的陈梅来说，都是一种极大的透支。母亲就劝慰父亲，说你从小把她抚养成人，如果不让她来看你最后一眼，她将埋怨我一辈子。再说她还年轻，还有很长的时间可以挣钱。父亲心里的担忧才稍有减少。

这时，陈梅又跟父亲提出了一个上初中那年就提过的请求，想把陈姓改成父亲的顾姓。父亲依然没有同意，并且态度比前一次还坚决。父亲自始至终不同意的理由很简单：一个人有无孝心，跟姓什么没有丝毫关联。是啊，这么多年，父亲待陈梅视如己出、陈梅对父亲尊重有加的感情并没有受到任何有无血脉联系的影响，她又何必在姓氏问题上苦苦不解呢？可她还是在心底做了一个决定：在父亲的墓碑上，陈梅将刻下一个顾姓的名字。

陈梅在父亲病榻前守候的两天半时间里，父亲一直很清醒，说的话不多，都是些日常琐事，没有再提任何放不下的话题。2006年中秋节中午，父亲平静地走完了他的人生旅程，安详地合上了双眼。现在想来，夏天时节的那段相处，是父亲的最后时光，那些话，也是父亲最后的遗言。

父亲这一辈子，心地善良，性情耿直，总是用自己的善良去度量别人。在他的心里，这个世界总是美好的，没有任何桎梏和丑陋。他从来不设防，因此才有了当年被同学欺骗的事件。虽然我和妹妹的学业都被迫中断了，但是我们从来不记恨他，因为我们知道父亲的心，它是那么善良、晶莹、剔透。

父亲走了，永远离开了陈梅，在午夜梦回的时候，陈梅常常记起父亲的音容笑貌，埋藏心里的遗憾就会跳出来，惊扰梦境。遗憾之一：没有实现接父亲来她的小家居住一段时日的诺言；遗憾之二：离家10多年，回去陪伴父亲的时间实在太少了。

“树欲静而风不止，子欲养而亲不待。”看来，这两个遗憾在我下半生的时光里将要如影随形了。因为，父亲走了，永不再回来了。

妙语人生

记忆是一本书，这本书中有我们想翻却不敢翻的页。但每每在一个特定的日子，总会将这一页翻出来静静地回味，那是一种笑中带泪的幸福！

雪夜里的母亲

母爱之于生命，是一种启迪。没有人能够诠释母爱的伟大，只因为，那一种“幼吾幼以及人之幼”的胸怀！

连她自己都不知道她是几个孩子的母亲。

前夜的一场大雪带走了她薄如纸灰的生命。从此，她再也不用在凄风苦雨中浪迹街头，再也不用在世态炎凉中遭受白眼，再也不用在喧嚣闹市中忍受孤独。

她是个患有精神病的老乞丐，约有70岁的模样，经常拖着一条残腿，踽踽着、蹒跚着，在我居住的小区附近垃圾箱里用她那双枯如干枝的手翻找食物。她脸上被风霜雪雨无情地刻画出深深的印痕，犹如条条盛满污水的沟壑。花白的头发由于长年累月不洗而结成厚厚的硬痂。无论春夏秋冬，她身上披着的总是那件破旧得翻卷出棉花的黑棉袄，连扣子都不系，裸露出干瘪得如布袋般曾经奶过孩子的乳房。她除了找东西吃就是躺在垃圾旁或草地里睡觉，怀里总抱着一捆用几乎退尽颜色的红布扎住的干柴。我从来都没见她抬起眼睛看过从她身旁走过的任何一个路人，也许在她看来，这个世界上只有她一个人，而过路人也大多不屑拿正眼去看她。

听母亲说，老乞丐年轻的时候长得很标致，是个出自书香门第的大家闺秀，在外地某城市工作时嫁给了一位干部子弟，婚后两年为家里添了个白白胖胖的小男丁，一家人欢天喜地。可是，好景不长。3年以后，“文化大革命”开始了，由于出身不好，她被当作“牛鬼蛇神”受尽一切折磨。不久，她就疯疯癫癫、喜怒无常了，没过几天，被婆婆赶出了家门。尽管她声嘶力竭呼天抢地哭喊着：“我不要离开我的宝宝，我不要离开我的宝宝……”尽管她使出浑身解数妄图砸破那扇紧闭的可恶的铁门，可是，她却未能改变自此后被剥夺做母亲权利的悲惨命运。

许是寻根的本能使她一路乞讨回到了家乡。可是，她母亲在她回家之前就受迫害而死。她举目无亲，形单影只，又痴又傻，沦落街头。

我问母亲，为什么老乞丐的亲生儿子不来找她，母亲叹口气说：“她儿子在那座城市是个不大不小的领导，有人告诉过他母亲的现状，可他却说自己从来没有享受过母爱，是他奶奶含辛茹苦把他抚养大的，他母亲早在许多年前死掉了。”

就这样，老乞丐孱弱单薄的身影一年年在县城里晃动着、徘徊着，我只是偶尔表示一下同情，在她经常光顾的垃圾箱旁放上几袋饼干或者方便面，而更多时候，几乎是忽略了她的存在。可就是在这样一个老乞丐身上，却发生了令我刻骨铭心、灵魂震颤的一幕。

一天下班回家，远远地，我听到一个小孩子哭喊着找妈妈的声音，前面有个两三岁的小女孩边走边大声啼哭。一定是大人没有看好，孩子自己走出了家门。我将自行车猛蹬了几下。就在这时，突然发现那个老乞丐放下她经常抱着的干柴，从对面蹒跚着也向小女孩走去；我生怕她神志不清会伤害孩子，就跟她抢速度。没想到，在我下自行车的瞬间，她闪电般伸过双臂把孩子抱在怀里，盘坐在地上。

“好孩子，乖宝宝，不哭不哭……”她那在平日里浑浊失神的眼睛突然放射出光芒，那光芒足以驱散寒冬的阴冷，足以融化冻结的冰霜，充满了我从未见过的慈爱，那是一种母性的光辉，难怪走累了哭倦了的孩子能够在她怀里安然地躺着停止哭泣。她腾出一只手，脱下身上仅有的那件御寒的破棉衣，盖在孩子弱小的身体上。而她则裸露着上体，松弛干老的皮肤就像粗糙的枯树皮，在寒风中似被一层层地剥落掉，我分明听到了那瑟瑟抖动而发出的声响，可她的脸上却漾着幸福满足的微笑。随后，她用脸紧贴着孩子红扑扑的面颊，一只手缓缓拍着孩子的背。一会儿，她又目不转睛地注视着孩子，那深陷的眼窝汩汩流淌着暖暖的爱意，许久，她的目光都不肯从孩子的脸上挪开，生怕孩子会突然从她眼前消失掉。她的手颤巍巍地挪到孩子的脸上，轻轻抚摸着、抚摸着，如同抚摸一件易碎的稀世珍宝。她干裂苍白的嘴唇嗫嚅着，像是喃喃自语，又像是跟孩子说话。随后，她抱紧孩子，闭上眼睛，沉浸在无限的幸福之中。两行热泪弯弯曲曲在她阡陌纵横的脸上。或许，是眼前这一幕勾起了几十年前她曾经做过母亲的美好回忆；或许，是这个小女孩让她捕捉到与自己失散多年的孩子的气息；或许……或许根本没有那么多或许，她对小女孩的爱完全出自一个女性、一个母亲潜在的爱的本能。天下的母亲都是一样的，无论她是贫穷的还是富有的，无论她是健康的还是病痛的，无论她是幸福的还是不幸的，她们都会发自本能地散发出母性的光辉，让人感受到暖暖的爱流。我早已潸然泪下了。

“你这个老乞丐，快放开我的孩子！”一个尖锐的女声突然回响在耳边，随后就看见一个年轻女子一把从老乞丐手中夺走了孩子！

“孩子，我的孩子……”老乞丐凄厉的哭声回旋在飘满落叶的灰色天空，或许是几十年前被夺走儿子的那幕又闯进了她曾经麻木的记忆里，她踉踉跄跄追赶着、哭号着，摔倒在冰冷的马路上。许久，她站起身，仿佛从梦中醒来，又恢复了原先那种木然神色，捡起地上散落的干柴和红布。这时我才看清，那退色的红布原来是一个小孩子的兜肚。她弹去兜肚上的灰尘，把干柴重新捆好，紧紧抱在怀中，踽踽着、蹒跚着，渐渐消失在夜色里……

我也是个母亲，心早已被这一切深深刺痛着。从此，我对老乞丐满怀的是敬重，而绝非原来单纯的同情了。可是，自那天以后，我就再也没有见她来过这里捡东西吃。

“经常在我们小区附近捡垃圾的那个老乞丐死了，听说前天夜里死在了城北的雪地里。”今天下班时，从邻居的闲谈中我才知道她永远离开了这个世界。

在那个冰冷的雪夜，她静静地躺在雪地里，对孩子无尽的思念和无边的爱像一串长长的珠子渐渐断落，散落在雪地上，随着凛冽的朔风，飘扬在凄清阴黑的午夜。

妙语人生

曾经流传着这样一个故事：每一个母亲曾经都是一个漂亮的仙女，有一件漂亮的衣裳。当她们决定要做某个孩子的母亲，呵护某个生命的时候，就会褪去这件衣裳，变成一个普通的女子，平淡无奇，一辈子。

大爱无言，母爱如水，这种爱，温柔而深沉！

你爱我，我知道

无声的爱，需要用心去感受。只是，如果爱能说出来的话，我们也许会少许多遗憾！

那一刻，所有的坚持和伪装全部崩溃，玉洁的眼泪毫无约束地洒了下来。

果果慢慢把脸贴到玉洁已经没有任何温度的胸口上，小声说："妈，我听到了。你爱我，我知道。"

（1）

面对诊断结果，玉洁眼前忽然一片漆黑，脑子里却是一片空白，天塌了的那种感觉。她才36岁，人生还没走到一半呀！

包里的手机却在这个时候响起来，好像是个错觉，世界上所有的声音和画面在这时都像一种错觉，可电话却响个不停。

路过的人推推她："电话，电话！"玉洁一下子反应过来，茫然地在包里摸索了半天才摸出电话，按了接听键，没等开口，女儿果果就在电话那端冲她嚷："妈你在哪呢，也不回来做饭，饿死我了，真是的……"

12岁的丫头，发起脾气来有板有眼的，说完还"哼"的一声把电话挂了。

玉洁一个激灵，世界在这个瞬间恢复正常。她知道眼前要紧的，是回去给果果做晚饭，吃完饭，果果还要补课，马上要升中学了，又要学书法和钢琴，时间紧得让一家人透不过气来。

玉洁把诊断书塞进包里匆忙往外走，听到身后医生追出来说："回去赶紧办理一下病休手续来住院吧，可不能再拖了。"

玉洁装着没有听到，也不回头，脚下的步子更快了。

（2）

果果正坐在沙发上撅着嘴巴胡乱摁着遥控器，看到玉洁进来，遥控器一丢，又开始嚷："妈你看看几点了，都快来不及了……"

玉洁一边换鞋子一边卷袖子，然后包一丢冲进厨房，刚要淘米，忽然想起什么，心里一咯噔，犹豫了一下转身走到门边，表情严肃地说："果果，进来！"

果果站起来不解地看着玉洁，歪着头问："进去干吗？"

玉洁伸手把果果扯进来，说："从今天起，你要跟我学做饭。以后要学会自己照顾自己，还想让我给你当一辈子保姆啊，哪有这样的孩子……"

玉洁几乎是喊叫着跟果果说话，说得果果一愣一愣的，没等反应过来，却看到妈妈忽然掉了眼泪。

"妈，你怎么了？"果果心里有点怕了，小心翼翼地问。

玉洁才意识到什么，慌忙把眼泪擦去。果果抿抿唇不敢再说话，只是一直都觉得疑惑，听着妈妈认认真真一个步骤一个步骤地讲着做饭的程序，最后背课文一样背给她听。玉洁确定果果记住了，才松口气，放果果出去。

终于，果果吃过饭去补课了。玉洁一屁股坐下来，再度腿软心也软，可忽然抬头看到墙上挂着的果果100天时的放大照片，便又打起精神，拉开抽屉找出一个厚厚的笔记本，想了想，开始写一些东西，边写边絮叨：毛衣在第三个抽屉；袜子在最下面的抽屉；卫生巾买绿色包装的护舒宝；来例假不能喝凉水；公交车卡充值在南京路32号总站；有事先打爸爸的电话，打不通就找姑姑；要尊重长辈尊敬师长尊重残疾人尊重没有钱的人更要尊重自己……

丈夫应酬完回来时，玉洁还继续趴在那里飞快地写着什么，头都没抬。丈夫打趣："是不是偷着写日记呢？"玉洁笑笑没应声。

丈夫又问："该接果果了吧？"

"不接。"玉洁依旧没有抬头，"我跟她说了，让她自己和同学结伴走回来。"

丈夫奇怪起来："不接你怎么会放心？"

玉洁白了丈夫一眼："我说了不接就不接，以后不再接送她了，她是大孩子了，这样的事让她自己去做。"

丈夫愣在那里，半天，诧异地问："玉洁你怎么了？"

玉洁忽然顿住，怔怔地呆了半天，叹口气，说："明年单位可能会派我去外地工作，你现在那么忙，我想让果果自立一些。"

丈夫舒口气，想了会儿点点头，回身坐下来。

（3）

果果觉得妈妈从那天晚上起整个人都变了，从一个最好脾气的妈变成了脾气最坏的"恶婆婆"。更让果果受不了的是毕业考试刚刚结束，妈妈就开始让她做所有的家务——洗衣服、做饭……不是让她学，而是让她亲自去做，妈妈在旁边看着。

到底只是12岁的孩子，有一次果果实在受不了了，洗着洗着菜一下把洗菜盆丢出去老远。还有一次她干脆大声叫嚷，把碗砸了好几个……这样的时候玉洁反而不发脾气，只是一言不发地看着果果，任她哭闹，完了，玉洁把东西收拾起来重新摆在她面前，要果果继续翻炒锅里的菜……

那年的暑假，果果觉得自己过得苦不堪言，好像忽然落在了书上写的后妈的手里了，发狠上了中学就住校，不再回来受她欺负。

（4）

起初，玉洁还打开电脑到处查找与自己的病相关的资料，大体都看了一遍后就再也不上网了。许多次的查找结果都是一样的，诊断出来的病，即使做了手术，最好的结果，用药物维持着，能撑三五年就算奇迹。不做手术，只有一年或者一年半的时间。最后一次关闭电脑的时候玉洁下了决心：放弃治疗。她不想让果果看到她在残存的光阴里一直以痛苦的姿势躺在病床上，她怕那样会从此带走果果生命中的微笑。她要把治病的钱省下来留给女儿。

决定后，玉洁把所有的积蓄买了好几家保险公司推出的教育储蓄。她没有对丈夫说，一个人忍着越来越清晰的痛楚。

终于吃到了果果做的像样的一顿饭，小丫头很不情愿，听着玉洁的赞叹始终一言不发，直到玉洁说，周末把同学都叫来吃果果做的饭好吗？果果的眼神才亮了起来。

玉洁帮着果果准备了晚宴，同学来了一帮。果果的脸上带着掩不住的喜气。玉洁趁机发表言论：果果是个好孩子，她听话、懂事又自立，你们也都是好孩子，是果果的好朋友，希望你们以后能互相照顾，互相关心，永远都做好朋友。

小孩子们噼里啪啦地鼓掌，果果脸上露出久违的笑容，小声说：“妈，你今天晚上真漂亮。”

玉洁也笑，摸着果果毛茸茸的小脑袋说：“这些日子妈对你太严厉了，可是妈想让你做个骄傲的小孩。有本事的人才有资格骄傲，才会让人尊重和羡慕，知道吗？”

果果吐吐舌头，大度地说：“算了算了，我不跟你计较，谁让你是我妈。”

玉洁心酸无比，孩子在对她粗暴脾气的容忍中，不知不觉学会了宽容。她微笑，以此掩饰身体内越来越急剧的疼痛。

（5）

暑假过后，果果一下子长大了很多，独立生活的能力让她自己都感觉到吃惊。她有说不出的欣慰。秋天的时候，玉洁终于撑不住倒下了。丈夫将她送去医院，医生大发脾气，然后无奈地摇头，做手术已经来不及了。

丈夫眼前一团漆黑，脑子一片空白，感觉天塌了一般。玉洁却非常平静，无非是该来的结局到来了，早一天晚一天而已。而此时，她已经不用再害怕，几分钟前果果还打电话过来，问："妈，晚上你和爸想吃什么啊？"又说："给你和爸买几双袜子吧，我觉得78％精梳棉的那种就挺好穿的……还有啊，妈，我给那个男孩回信了，他觉得我说得对，他说等他过了18岁再追我……"

玉洁的心缓缓放下，对丈夫说："走吧，咱们别在这里，咱们回家。"

两个月后，入了冬，果果过13岁生日。吹蜡烛的时候，果果说："妈你放心吧，我长大了，会照顾好自己照顾好爸爸。"

那一刻，所有的坚持和伪装全部崩溃，玉洁的眼泪终于毫无顾虑地洒了下来。

玉洁在一个下雪的晚上离开了。果果在玉洁身边安静地坐了很久，没有哭，只是坐在那里，后来慢慢把脸贴到玉洁已经没有任何温度的胸口上，小声说："妈，我听到了。你爱我，我知道。"

妙语人生

也许我们都是普通人，无法阻止生死离别，可我们能够用持久的耐心和绵密的关怀，去缝合每一个走远的亲人的心，留住他的温暖。

母亲是部永远写不完的书

如果人生是一本书，那么，母爱在这本书中有着举足轻重的章节；如果母爱是一本书，在这本书中，你是独一无二的主角！

那一年，阿美的生母突然去世，阿美不到8岁，弟弟才3岁多一点儿，他俩朝爸爸哭着闹着要妈妈。爸爸办完丧事，自己回了一趟老家。他回来的时候，给他们带回来了她，后面还跟着一个不大的小姑娘。爸爸指着她，对阿美和弟弟说："快，叫妈妈！"弟弟吓得躲在阿美身后，阿美噘着小嘴，任爸爸怎么说，就是不吭声。"不叫就不叫吧！"她说着，伸出手要摸阿美的头，阿美拧着脖子闪开，就是不让她摸。

望着这陌生的娘儿俩，阿美首先想起了那无数人唱过的凄凉小调："小白菜呀，地里黄呀，两三岁呀，没有娘呀……"阿美不知道那时是一种什么心绪，总是用忐忑不安的眼光偷偷看她和她的女儿。

在以后的日子里，阿美从来不喊她妈妈，学校开家长会，阿美愣是把她堵在门口，对同学说："这不是我妈。"有一天，阿美把妈妈生前的照片翻出来挂在家里最醒目的地方，以此向后娘示威。怪了，她不但不生气，而且常常踩着凳子上去擦照片上的灰尘。有一次，她正擦着，阿美突然对她大声喊："你别碰我的妈妈。"好几次夜里，阿美听见爸爸和她商量："把照片取下来吧？"而她总是说："不碍事儿，挂着吧！"头一次，阿美对她产生了一种说不出的好感，但阿美还是不愿叫她妈妈。

大院有块平坦宽敞的水泥空场，那是孩子的乐园，没事便到那儿踢球、跳皮筋，或者漫无目的地疯跑。一天上午，阿美被一辆突如其来的自行车撞倒，重重地摔在了水泥地上，立刻晕了过去。等阿美醒来的时候，已经躺在医院里了，大夫告诉阿美：“多亏了你妈呀！她一直背着你跑来的，生怕你留下后遗症，长大可得好好孝顺呀……”

她站在一边不说话，看阿美醒过来，俯下身摸摸阿美的后脑勺，又摸摸阿美的脸。不知怎么搞的，阿美第一次在她面前流泪了。

“还疼吗？”她立刻紧张地问阿美。

阿美摇摇头，眼泪却止不住。

“不疼就好，没事就好！”

回家的时候，天早已经全黑了。从医院到家的路很长，还要穿过一条漆黑的小胡同，阿美一直伏在她的背上。阿美知道刚才她就是这样背着自己，跑了这么长的路往医院赶的。

以后的许多天里，她不管见爸爸还是见邻居，总是一个劲埋怨自己：“都怪我，没看好孩子！千万别落下病根呀……”好像一切过错不在那硬邦邦的水泥地，不在阿美那样调皮，而全在于她。一直到阿美活蹦乱跳一点儿没事了，她才舒了一口气。

没过几年，自然灾害就来了。为了少一个人吃饭，她把自己的亲生闺女，那个老实、听话、像她一样善良的小姐姐嫁到了内蒙古。那年小姐姐才18岁，阿美记得特别清楚，那一天，天气很冷，爸爸看小姐姐穿得太单薄了，就把家里唯一一件粗线毛大衣给小姐姐穿上。她看见了，一把给扯了下来：“别，还是留给她弟弟吧。”车站上，她一句话也没说，火车开动的时候，她向女儿挥了挥手。寒风中，阿美看见她那像枯枝一样的手臂在抖动。回来的路上，她一边走一边叨叨：“好啊，好啊，闺女大了，早点寻个人家好啊，好啊。”阿美实在是不知道人生的滋味儿，不知道她一路上叨叨的这几句话是在安抚她自己那流血的心。她也是母亲，她送走自己的亲生闺女，为的是两个并非亲生的孩子，世上竟有这样的后母？

望着她那日趋隆起的背影，阿美的眼泪一个劲往上涌。“妈妈！”阿美第一次这样称呼了她，她站住了，回过头，愣愣地看着阿美，不敢相信这是真的。阿美又叫了一声："妈妈。"她竟"呜"地一声哭了，哭得像个孩子。多少年的酸甜苦辣，多少年的委屈，全都在这一声"妈妈"中融化了。

这一年，爸爸有病去世了。妈妈她先是帮人家看孩子，以后又在家里弹棉花、攫线头，供养阿美和弟弟上学。望着妈妈每天满身、满脸、满头的棉花毛毛，阿美常想亲娘又怎么样？！从那以后的许多年里，阿美家的日子虽然过得很清苦，但是，有妈妈在，阿美仍然觉得很甜美。无论多晚回家，那小屋里的灯总是亮的，橘黄色的火里是妈妈跳跃的心脏，只要妈妈在，那小屋便充满温暖，充满了爱。

阿美总觉得妈妈的心脏会永远地跳跃着，却从来没想到，刚大学毕业的时候，妈妈却突然地倒下了，而且再也没有起来。

阿美知道在这个世界上，阿美什么都可以忘记，却永远不能忘记她给予的一切……

世上有一部书是永远写不完的，那便是母亲。

妙语人生

真想把自己化作一团火，温暖母亲的心；真想把自己变成一座山，将母亲的重负托起；真想把自己变成一泓清泉，洗去母亲的倦容，擦亮她明亮的双眼；真想将自己铸成一块钢，为母亲架起通向希望的桥梁，好让母亲跨越苦海，走向光明！

家是心灵永恒的歌谣

三毛说："家就是一个人在点着一盏灯等你。"

当你受伤的时候，当你孤立无助的时候，当你一无所有的时候，别忘了，回家吧，家会轻轻抚平你的创伤，家会用真情温暖你孤独的心。漂泊良久，你会发现，唯有家才是你最忠实的港湾，唯有家才是你可以停靠的码头。

多少年过去了，他还是害怕黑夜。

他忘不了是在一个黑夜，他的妻子离开了；他忘不了是在一个黑夜，他答应妻子要好好照顾他们的儿子。他最终没能拯救自己的妻子，最终成为了一个单亲爸爸。他决定独自抚养一个七岁的小男孩。每当孩子和小朋友玩耍受伤回来后，他就会对过世的妻子有一种说不出来的愧疚，心底不免传来阵阵悲凉的低鸣。

为了生存，他拼命工作。最近单位太忙了，他不得不出一趟差。因为要赶火车，没时间陪孩子吃早餐，他便匆匆离开了家。一路上他总担心着孩子有没有吃饭，一个人会不会害怕，会不会被别人欺负，他的一颗心没有一刻是放在肚子里的。即使抵达了出差地点，也不时打电话回家。没娘的孩子总是很懂事，孩子告诉爸爸不要担心。

因为心里牵挂不安，他草草处理完单位的事情，便匆匆地踏上了回家的列车。回到家时，已是半夜了。孩子早已经熟睡了，看见儿子一切都好，他这才松了一口气。旅途上的疲惫顿时向他袭来，让他全身无力，他恨不得裹住饥饿的肠胃，倒在床上赶紧睡着。正在准备就寝时，突然大吃一惊：棉被下面，竟然有一碗打翻了的泡面！碗里的汤汁浸透了被单，他实在忍无可忍了。

“小兔崽子！”他在盛怒之下，朝熟睡中的儿子的屁股，一阵狠打。“为什么这么不听话，惹爸爸生气？你这样调皮，把棉被弄成什么样了？我每天容易吗？忙完了单位的，忙家里的，回来后还不能睡个安神觉。”这是妻子过世之后，他第一次体罚孩子。

“爸爸，我没有……”孩子睁着惊吓的眼睛，呜呜咽咽地辩解着，“我没有不听话，这……这是我做给爸爸吃的晚餐。”

原来孩子为了配合爸爸回家的时间，特地泡了两碗泡面，一碗自己先吃了，另一碗则留给了爸爸。可是因为怕爸爸的那碗面凉掉，所以他灵机一动，很聪明地把它放进了棉被底下保温。

爸爸听了，一句话也说不出来，只是紧紧地、紧紧地抱住了孩子。看着碗里剩下那一半已经泡涨的泡面，一个劲地嘟囔着：“儿子，爸爸不好，爸爸吃，一定要好好地品尝这碗味道最好的面条……”

在人的一生中有一种最初的、最原始的感情，人们惊奇于造物者的神奇，惊奇得让几乎所有人都感动。友情和爱情都是需要培养的，甚至是有代价地付出之后才能得到。只有亲情是溶入你血液里最真挚的爱与感情，只有亲情是你一生不变的依赖。

有个故事讲得很好，说有个年轻人离别了母亲，来到深山，想要拜活菩萨以修得正果。路上他向一个老和尚问路，寒暄之际，年轻人说明动机，并问老和尚哪里有得道的菩萨。

老和尚打量了一下年轻人，缓缓地说：“与其去找菩萨，还不如去找佛。”

年轻人顿时来了兴趣，忙问：“那么请问哪里有佛呢？”

老和尚说：“你现在回家去，在路上有个人会披着衣服，反穿着鞋子来接你，记住，那个人就是佛。”

年轻人拜谢了老和尚，开始启程回家，路上不停地留意着老和尚说的那个人，可是快到家里时，也没见到。年轻人又气又悔，以为是老和尚欺骗了他，他回到家时已经是很深的夜里，他灰心丧气地抬手拍门。他的母亲知道自己的儿子回来了，急忙抓起衣服披在身上，连灯也来不及点着就去开门，慌乱中连鞋子都穿反了。年轻人看到母亲凌乱的样子，不禁热泪盈眶，心里也立即领悟了。

屋檐虽低，门槛依旧，不管你是衣锦还乡，还是失魂落魄蓬头垢面而归，家的门永远为你敞开着。岁岁年年，年年岁岁，无论春夏还是秋冬，家永远执著地为你抵挡外来的风风雨雨，为你撑起一柄爱的巨伞。

妙语人生

我们从出生到老去，谁能离得开家的怀抱？谁能挣得脱家那永远不变的炽热情怀？小时候，家是母亲；长大了，家是父亲。你就是被父亲从鸟笼中放飞的却又被紧紧牵挂的那只雏鹰，脆弱又坚强，翅虽稚嫩但充满着崇高的理想。结婚后，家是妻子那温情脉脉的眼神，家是孩子那甜甜的醉人的吻。再往后，家是子孙绕膝的天伦之乐，是风雨同舟几十载的老伴的唠叨。

毛线衣中的母爱

没有人会嫌弃自己的母亲，同样，母亲也从来不会嫌弃自己的孩子。不管什么时候，不管我们多大，但在母亲的眼中，我们都还是一个还没有长大的孩子。

18岁那年，他因为行凶，被判了五年，从他入狱那天起，就没人来看过他。母亲守寡，含辛茹苦地养大他，想不到他刚刚高中毕业，就发生这样的事情，让母亲伤透了心。他理解母亲，母亲有理由恨他。

入狱那年冬天，他收到了一件毛线衣，毛线衣的下角绣着一朵梅花，梅花上别着窄窄的字条：好好改造，妈指望着你养老呢。这张字条，让一向坚强的他泪流满面。这是母亲亲手织的毛线衣，一针一线，都是那么熟悉。母亲曾对他说，一个人要像寒冬的蜡梅，越是困苦，越要开出娇艳的花朵来。

以后的三年里，母亲仍旧没来看过他。但每年的冬天，她都寄来毛线衣，还有那张字条。为了早一天出去，他努力改造，争取减刑。果然，就在第四个年头，他被提前释放了。

背着一个简单的包裹，里面是他所有的财物——四件毛线衣，他回到了家。家门挂着大锁，大锁已经生锈了。屋顶，也长出了一尺高的茅草。他感到疑惑，母亲去哪儿了？转身找到邻居，邻居诧异地看着他，问他不是还有一年才回来吗？他摇头，问：“我妈呢？”

邻居低下头，说她走了。他的头上像响起一个炸雷，不可能！母亲才40多岁，怎么会走了？冬天他还收到了她的毛线衣，看到了她留下的字条。

邻居摇头，带他到祖坟。一个新堆出的土丘出现在他的眼前。他红着眼，脑子里一片空白。半晌，他问妈妈是怎么走的？邻居说因为他行凶伤人，母亲借了债替伤者治疗。他进监狱后，母亲便搬到离家两百多里的爆竹厂做工，常年不回来。那几件毛线衣，母亲怕他担心，总是托人带回家，由邻居转寄。就在去年春节，工厂加班加点生产爆竹，不慎失火，整个工厂爆炸，里面有十几个做工的外地人，还有来帮忙的老板全家人，都死了。其中，就有他的母亲。

邻居说着，叹了口气，说自己家里还有一件毛线衣呢，预备今年冬天给他寄出去。

在母亲的坟前，他顿足捶胸，痛哭不已。全都怪他，是他害死了母亲，他真是个不孝子！他真该下地狱！第二天，他把老屋卖掉，背着装了五件毛线衣的包裹远走他乡，到外地闯荡。

时间过得很快，一晃三年过去了。他在城市立足，开一家小饭馆，不久，娶了一个朴实的女孩做妻子。

小饭馆的生意很好，因为物美价廉，因为他的谦和和妻子的热情。每天早晨，三四点钟他就早早起来去采购，直到天亮才把所需要的蔬菜、鲜肉拉回家。没有雇人手，两个人忙得像陀螺。因为缺乏睡眠，他的眼睛常常红红的。

不久，一个推着三轮车的老人来到他门前。她驼背，走路一跛一跛的，用手比画着，想为他提供蔬菜和鲜肉，绝对新鲜，价格还便宜。老人是个哑巴，脸上满是灰尘，额角和眼边的几块疤痕让她看上去面目丑陋。妻子不同意，老人的样子，看上去实在不舒服。可他却不顾妻子的反对，答应下来。不知怎的，眼前的老人让他突然想起了母亲。老人很讲信用，每次应他要求运来的蔬菜果然都是新鲜的。于是，每天早晨六点钟，满满一三轮车的菜准时送到他的饭馆门前。他偶尔也请老人吃碗面，老人吃得很慢，样子很享受。他心里酸酸的，对老人说，她每天都可以在这儿吃碗面。老人笑了，一跛一跛地走过来。他看着她，不知怎的，又想起了母亲，突然有一种想哭的冲动。

一晃，两年又过去了，他的饭馆成了酒楼，他也有了一笔数目可观的积蓄，买了房子。可为他送菜的，依旧是那个老人。

又过了半个月，突然有一天，他在门前等了很久，却一直等不到老人。时间已经过了一小时，老人还没有来。他没有她的联系方式，无奈，只好让工人去买菜。两小时后，工人拉回了菜，仔细看看，他心里有了疙瘩，这车菜远远比不上老人送的菜。老人送来的菜全经过精心挑选，几乎没有干叶子，棵棵都清爽。只是，从那天后，老人再未出现。

春节就要到了，他包着饺子，突然对妻子说想给老人送去一碗，顺便看看她发生了什么事。怎么一个星期都没有送菜？这可是从没有的事。妻子点头。煮了饺子，他拎着，反复打听一个跛脚的送菜老人，终于在离他酒楼两个街道的胡同里，打听到她了。

他敲了半天门，无人答应。门虚掩着，他顺手推开。昏暗狭小的屋子里，老人在床上躺着，骨瘦如柴。老人看到他，诧异地睁大眼，想坐起来，却无能为力。他把饺子放到床边，问老人是不是病了。老人张张嘴，想说什么，却没说出来。他坐下来，打量这间小屋子，突然，墙上的几张照片让他吃惊地张大嘴巴。竟然是他和妈妈的合影！他5岁时、10岁时、17岁时……墙角，一只用旧布包着的包袱，包袱皮上，绣着一朵梅花。

他转过头，呆呆地看着老人，问她是谁。老人怔怔地，突然脱口而出：儿子。

他彻底惊呆了！眼前的老人，不是哑巴？为他送了两年菜的老人，是他的母亲？那沙哑的声音分明如此熟悉，不是他的母亲又能是谁？他呆愣愣地，突然上前，一把抱住母亲，号啕痛哭。母子俩的眼泪沾到了一起。

不知哭了多久，他先抬起头，哽咽着说看到了母亲的坟，以为她去世了，所以才离开家。母亲擦擦眼泪，说是她让邻居这么做的。她做工的爆竹厂发生爆炸，她侥幸活下来，却毁了容，瘸了腿。看看自己的模样，想想儿子进过监狱，家里又穷，以后他一定连媳妇都娶不上。为了不拖累他，她想出了这个主意，说自己去世，让他远走他乡，在异地生根，娶妻生子。

得知他离开了家乡，她回到村子。辗转打听，才知道他来到了这个城市。她以捡破烂为生，寻找他四年，终于在这家小饭馆里找到他。她欣喜若狂，看着儿子忙碌，她又感到心痛。为了每天见到儿子，帮他减轻负担，她开始替他买菜，一买就是两年。可现在，她的腿脚不利索，下不了床了，所以，再不能为他送菜。

她眼眶里含着热泪，没等母亲说完，背起母亲拎起包袱就走。他一直背着母亲，他不知道，自己的家离母亲的住处竟如此近。他走了没20分钟，就将母亲背回家里。

母亲，在他的新居里住了三天。三天，她对儿子说了很多。她说他入狱那会儿，她差点儿去见他父亲。可想想儿子还没出狱，不能走，就又留了下来；他出了狱，她又想着儿子还没成家立业，还是不能走；看到儿子成了家，又想着还没见孙子，就又留了下来……她说这些时，脸上一直带着笑。他也跟母亲说了许多，但他始终没有告诉母亲，当年他之所以砍人，是因为有人用最下流的语言侮辱母亲。在这个世界上，怎样骂他打他，他都能忍受，但绝不能忍受有人侮辱他的母亲。

三天后，她安然去世。医生看着悲恸欲绝的他，轻声说："她的骨癌看上去得有10多年了。能活到现在，几乎是个奇迹。所以，你不用太伤心了。"他呆呆地抬起头，母亲，居然患了骨癌？

打开那个包袱，里面整整齐齐地叠着崭新的毛线衣，有婴儿的，有妻子的，有自己的，一件又一件，每一件上都绣着一朵鲜红的梅花。包袱最下面，是一张诊断书：骨癌。时间，是他入狱后的第二年。他的手颤抖着，心里像插了把刀，一剜一剜地痛。

记得白岩松有一本书叫《痛并快乐着》，我却要说：“母爱，让我痛并感动着！”

妙语人生

母爱是人世间最真挚、最纯洁、最珍贵、最永恒的感情。母爱是世上任何幸福与甜蜜所无法替代的。人在一帆风顺的日子里，也许体会不到母爱的真正价值；但在绝望无路的时候，就会感受到母爱无处不在，无时不在。

心灵的后花园，需要用心来灌溉

诸葛亮说："夫君子之行，静以修身，俭以养德，非淡泊无以明志，非宁静无以致远。……"意思是说：高尚君子的行为，以宁静来提高自身的修养，以节俭来培养自己的品德。不恬静寡欲无法明确志向，不排除外来干扰无法达到远大目标。很多时候我们放不下外界的诱惑，其实淡泊的心境就是懂得舍得与放下。

最简单，最快乐

真正的快乐，不是用金钱和权势换来的，有钱有权的富贵们不一定人人都快乐，个个都会领略生活的乐趣。现代人越来越重视对金钱、权势的追求和物质的占有，殊不知金钱和权力固然可以换取许多享受的东西，可不一定能换取真正的快乐。因此，如何把握好适当的度相当重要。

过去有个大富翁，家有良田万顷，身边妻妾成群，可日子过得并不开心。而挨着他家墙的外面，住着一户穷铁匠，夫妻俩整天有说有笑，日子过得很开心。

一天，富翁的小老婆听见隔壁夫妻唱歌，便对富翁说："我们虽然有万贯家产，还不如穷铁匠开心！"富翁想了想笑着说："我能叫他们明天唱不出声来！"于是拿了家里所有的金条，从墙头扔了过去。打铁的夫妻俩第二天扫院子时发现不明不白的金条，心里又高兴又紧张，为了这些金条，他们连铁匠炉子上的活也丢下不干了。男的说："咱们用金条置些好田地。"女的说："不行！金条让人发现，会怀疑我们是偷来的。"男的说："你先把金条藏在炕洞里。"女的摇头说："藏在炕洞里会被贼娃子偷去。"他俩商量来，讨论去，谁也想不出好办法。从此，夫妻俩饭吃不香，觉也睡不安稳，当然再也听不到他们的欢笑和歌声了。富翁对他小老婆说："你看，他们不再说笑，不再唱歌了吧！"而富翁却因家里再也没有金条，不用防备盗贼，心里变得轻松起来，他们夫妻倒能每天都有好心情唱歌了。看，开心就是如此简单。

铁匠夫妻俩之所以失去了往日的开心，是因为得了不明不白的金条，为了这不义之财，他们既怕别人发现怀疑，又怕被人偷去，有了金条不知如何处置，所以终日寝食难安。

现实生活中也是如此，有些大款虽然守着一堆花花绿绿的票子，守着一幢豪华的洋房，守着一位貌合神离的天仙，未必就能咀嚼生活的真趣味。

开心不开心同样也不能用手中的“权”来衡量。有了权，未必就能天天开心。我们时常看到有些弄权者，为了保护自己的“乌纱帽”，处处阿谀逢迎，事事言听计从，失去了做人的尊严，哪里还有什么真正的开心?

俄国诗人涅克拉索夫的长诗《在俄罗斯，谁能幸福和快乐》，诗人找遍快乐，最终找到快乐的人竟是枕锄瞌睡的农夫。是的，这位农夫有强壮的身体，能吃能喝能睡，从他打瞌睡的眉间里和他打呼噜的声音中，无不飞扬和流露出由衷的开心。这位农夫为什么能开心?不外乎两个原因，一是知足常乐，二是劳动能给人带来快乐和开心。

给予是快乐的源泉。所谓“给予”，它包含付出金钱、时间、兴趣或忠言，或者任何有你能给予他们，且对他们有利的东西。你自己付出了，但实际上这些付出的能帮助你发现自己。这项原则听起来很奇怪，但却是真的。付出最多的人，获得的也最多。

寻求人生乐趣的法则是：知道你在生活中会遇到困难、悲伤和恶劣的情形，但深信自己可以克服它们。这种快乐是无价的，这便是我们先前提到的人生的快乐。

有时，一个又一个的打击可能会“打掉了你的生机和活力”。这句话很现实，你可能已如行尸走肉，不断的打击使你感到几乎已穷途末路，你无法再站起来奋斗，只能爬行，而不敢勇敢地站起来，以智慧和力量去解决困难。对于这样的懦夫来说，人生当然没有什么乐趣。失败总是让人不愉快。只有能应付人生中大大小小难题的人，才能得到大量的人生乐趣。安妮`谢尔太太便是采用积极心态，通过积极思维摆脱忧伤的一个很好的例证。

谢尔先生是当地一家著名宾馆的经理。几个月后，谢尔先生突然去世，而谢尔太太继续留在那家旅馆，在一位新来的经理手下以女主人的身份工作。不久，人们就发现她已摆脱了悲伤情绪。显然，她内心的平静源于一种深深的力量。

朋友们都说："你回去工作，使自己有事干是正确的决定。"

谢尔太太的回答包含着如何处理悲伤的不寻常的哲学："事实上，我的心情能够变好并不是因为我回去工作。工作并非治疗剂，它只是麻醉剂，它只会使我对悲伤麻木，却不能治疗我的心病，是信仰让我完全康复的。"她的看法真是精辟，工作只能使人对悲伤感到麻木，却无法起任何治疗作用，唯有信仰能使人康复。当我们遭受巨大的心灵创伤的折磨时，我们当然不会真正感到快乐。

妙语人生

每天忙碌的工作过后，不妨换一种心境。回到家中，将工作上的事情全部抛在脑后，听一段舒缓的轻音乐，写一会儿书法，喝一杯茶，用一种恬淡的方式来让工作的压力远离你。这个时候，你会感到生活的美好，原来，这种宁静才是自己最想要的！

人生最美是淡然

在滚滚红尘中，能让自己拥有一份淡淡的情愫，过着淡淡的闲情逸致的生活，那是人生多么悠然自得的美丽啊！在平常、平凡、平淡的人生中，让自己的生命鸣唱出最美妙动听的天籁，那是生命多么珍贵闪耀啊！我生命中，对“淡”字情有独钟，产生了一份特殊的情愫，我特别喜欢“淡”字。因为，“淡”字，一半是水，一半是火，水火本不容，却被造字者巧妙地融会贯通在一起，感叹神奇，意蕴深邃。

淡，是水与火的缠绵，火与水的较量，是碰撞，是交融，虽不互融，却能给你我温暖，我给你清凉，相互依存，相互支撑，达到了完美的结合。人生，不瘟不火的淡，是一种人生心态，欲望无止境，淡定而从容。宠辱不惊，闲看庭前花开花落；去留无意，漫随天外云卷云舒。轻描淡写无重彩，若有若无的淡，更能给人遐想无限的空间。淡淡的我、淡淡的生活、淡淡的爱、淡淡的情、淡淡的心、淡淡的乐，安逸于淡淡的人生。

淡淡的情愫，你像雨后的彩虹，光彩夺目又清新典雅，让人耳目一新。在爽朗的午后，在落日的黄昏，我用眼睛读你，用心灵品你，赏不尽你的精彩——淡淡情愫！

喜欢淡淡的感觉。夜的静美、雨的飘逸、风的洒脱、雪的轻盈。此时的淡淡，是一种意境，不是淡而无味的淡，是人淡如菊的淡，是过滤了喧嚣纷扰后的宁静，是心静如水的淡然，就这样淡淡地感受一份属于自己的天地。心如雨后的天空一样纯净。

喜欢淡淡的人生。淡淡的愁不刺心却千丝万缕，淡淡的寂寞不放纵却独品生命里的无奈，淡淡的思念不纠缠却绵长浓厚，淡淡的牵挂不强求却悠远永久。淡淡的红尘，淡淡的岁月，淡淡而来，淡淡而去。淡淡的人生，巧声吟唱着淡淡的天籁。

喜欢淡淡的音乐。那美妙动听之音，是多么令人心旷神怡。徜徉在音乐的海洋，任情思长上翅膀，飞舞在那片音乐的空灵里。轻柔的歌声如清风、如流泉、如白云、如初春的鹅黄、如仲夏的荷碧、如秋空的明净、如漫雪的轻舞、如梅子时节的细雨。那凄美的乐曲，滤过心尖，丝丝切切，百般悱恻，淡淡绵绵，揉动着多情多感的一怀心事。那一怀淡淡的心事，在歌声中浸染，滋润，在歌声中翩翩起舞。

喜欢淡淡的生活。就让这一份淡淡永远陪着我，不管外面的风风雨雨，惊涛骇浪，不管世事变幻沧海桑田。永远就这样平平静静地生活，平平安安地做事，平平淡淡地做人，不企望流芳溢彩，不奢望艳冶夺人，给生活以一丝坦然，给生命一份真实，给自己一份感激，给他人一份宽容。如此，也许更能体会生活的意义和生命的价值!

喜欢淡淡的心。人生旅途中，淡淡地欣赏旅途中的风光，淡淡地享受着自己所拥有的，淡淡地应对人生中的风风雨雨……淡淡地对待一切，一切自然就风轻云淡了。因为淡淡的，所以我快乐着。

但不是快乐的人就没有悲伤的，就像翠竹总要开花，凋谢，而四季也总有萌蘖和落叶的时节。只是我把悲伤淡淡地抹在心底，在别人看不见的日子里，把它淡淡地忆起，再淡淡地忘却。平淡的日子最美，平淡的日子最真。只要人甘于平淡，快乐就很容易。

在平常、平凡、平淡的淡淡人生中，让自己拥有一份淡淡的情愫，过着淡淡的生活，淡出一份情真意切的真情来，淡出一份淡雅清香的韵味来，淡出一份坦然宁静的心境来，淡出一份淡泊名利的境界来，淡出一份绵延悠长的爱意来，淡出一份悠然自得的生活来。

妙语人生

宁静淡泊是什么？宁静淡泊是内心超脱尘世的豁达。春风大雅能容物，秋水文章不染尘。淡泊者须有云水气度松柏精神，不为名利所累，不为繁华所诱，从从容容，宠辱不惊，淡泊宁静是修身明志的最佳心灵空调。

万籁俱寂之夜，在素洁的日光灯下，听着一曲曲欢快的音乐，拥有一份属于自己的宁静，实在是一种独特的享受。拒绝外来的诱惑，独自徜徉于自己营造的淡泊的氛围里，沏一杯香茗，放一段音乐，让疲惫的身心在静静的宁静中好好地放个假。

浮生若梦，人生如戏

生活在都市里的人们，来自各方面的压力越来越大，相应的假期也越来越长，要学会利用长假去放松自己，消除一身的疲劳，恢复体力和精神，以应对上班以后新一轮的工作压力。

心理学家说，摆脱眼前的一切，挣脱例行公事的羁绊，能使你远离旧有的困境，带给你新的希望，让你的心理产生正面的前瞻，甚至让熄灭的热情重新点燃，也会让你对自己的认识更深一层。于是，等你返家的时候，你会变得更快乐一些，更健康一些，应对压力时也更有效率一些。美国心理学家希柯斯博士说："你去度假的时候，就逃离了日常生活的单调性。把烦恼抛在脑后。即使你所做的，只是坐在河边、看着溪水流动而已，但这却是一种极为可贵的步调变化，能让你重新充电。于是，等你回去的时候便会觉得精神更为饱满，有活力。"

有的人认为，休闲不就是去玩吗？那没有什么可学的。其实不然，王阳明曾经说过："世事洞明皆学问。"休闲也有学问，要想玩出个花样来，玩出个痛快来，就得去学。

先说休闲方式吧，现在的休闲方式五花八门，你应该耐心思考一下，自己适合哪一种，如果你是个急性子，偏去钓鱼，那岂不是自找没趣？在都市人的休闲活动中，有以下几项休闲活动最受到青睐。

钓鱼是一项培养个人耐性的休闲活动。普通的装备很简单，一根钓竿、一些鱼饵和一个水桶就可以出发了，但真要是老钓客对装备要求就高了。

学画自古就是修身养性的绝佳方式，是一种既高雅又怡情养性的活动。当今工作学习生活节奏紧张的条件下，抽出一点时间来学画写字也是一种很好的休闲活动，对心灵无疑是一种洗涤。

跳舞可以陶冶性情、愉悦身心，而且也比较容易学习，适合中老年人。跳舞除了可以增强心肺功能外，还有助于健美减肥。

登山对于年轻人来讲，无疑是既理想又时尚的运动，既放松压力，又可以锻炼一个人的意志和体魄。当然，现在的老年人体格越来越棒，也有许多登山爱好者。登山时，不仅山光水色令人大饱眼福，而且清新的空气可以涤荡都市浊气，实在是妙不可言。

网球运动是深受人们喜爱而极富乐趣的一项体育活动。它既是一种消遣，一种增进健康的方式，也是一种艺术追求和享受，当然它还是一种扣人心弦的竞赛项目。打网球，文明、高雅、动作优美，每打出一次好球，都会使人感觉兴奋异常，愉快无比。

打高尔夫球也逐渐受到都市人的青睐，但由于消费过于高昂，一般的人是玩不起的，被人们称为贵族运动。

到农村去度假也很受欢迎。这项活动不仅轻松愉悦，而且经济便宜，一般人都能承受得起，在空气污染严重、生活节奏紧张的都市待久了，不妨到乡村去体验一下。

会休闲的人其实往往都是很出色的人，不仅仅是工作上，更重要的是他们的生活愉快度和幸福感会更出色。因此，心累了，我们为什么不学会休闲呢?

有一位修行人，离开了他原先修行时所在的村庄，到荒无人烟的深山老林里去进一步苦修。他只带了一块布当作衣服，就一个人到山里去了。

住了一段时间，他在洗衣服的时候，发现需要另外一块布来替换，就下了山，回到村里，向村民们讨一块布当作衣服。村民们都知道他是一位虔诚的修行人，毫不犹豫地给了他一块布。

这位修行人回到山里，不久，他发现在他住的茅草屋子里，有一只老鼠。这只老鼠经常在他专心打坐的时候，出来咬他那件准备换洗的衣服。他在这以前已经发过誓，说自己一生会严格遵守不杀生的戒律，因此他不愿意去伤害那只老鼠。但他又没办法赶走那只老鼠，所以他又回到村里，向村民要了一只猫来饲养。

带回了这只猫之后，他又想：这只猫要吃什么呢？这只猫是用来吓走老鼠的，不是让它去吃老鼠的，但这只猫总不能跟我一样，每天只吃一些水果和野菜吧！于是他又向村民讨了一只奶牛，这样，这只猫就可以靠喝牛奶活下去了。

修行人在山里住了一段时间以后，发现每天都要花很多的时间来照顾那只奶牛，于是他又回到村里，找了一个无家可归的流浪汉，将他带到山中，帮自己照顾奶牛。

流浪汉在山中住了一段日子后，向修行人抱怨说：我跟你不一样，我需要一个女人，我想要过正常的家庭生活。修行人一想，也有道理，我不能强迫别人一定要跟自己一样啊。

于是他又下山，给流浪汉找了一个老婆……

故事就这样不断地演了下去。到了后来，大半个村子都搬到山上去了。

欲望就是这样的一条锁链，接二连三，无休无止，越来越长。不知不觉间，我们就被自己欲望的锁链牢牢地拴住了。

如果我们被欲望的锁链拴住，我们就会失去人生的自由而得不偿失。

妙语人生

人生幸福与否，全在于一张一弛的把握，休闲就在于给自己每天忙碌的身影一个暂停。每天紧绷着神经，那又能怎么样呢？世界不会因为你的休息而停止运转，也不会因为你的忙碌又能加速改变。

开心就得“开”心

一个人不高兴，总有多种理由。他们不是因为钻“牛角尖”所致，就是陷入得失之中不能自拔，或者误认为某一关口，就是人生的完结。

一个人要高兴，也很容易。容易的核心，归结为一句话：要开心，先“开”心。

跳出心灵的圈套，劈开僵硬的自我，松开紧握的拳头，勇敢地钻出并打碎“牛角尖”。你会感觉天原来这么空，海原来这么阔！

“不要怨恨自己的命运不好，不要抱怨自己的处境恶劣。换换角度，哪怕简单地松弛一下，就有可能从恶劣的情绪中走出来。”王蒙有一次接受记者采访时说了这样的话。

美国总统罗斯福有一次被盗，知道这一消息的朋友纷纷向他表示安慰。但他并没有把这一问题看得十分严重，说：“这实在是一件值得庆贺的事。第一，他只偷去我的资产，而没有要我的生命；第二，他偷去的只是我的部分财产，而不是我的所有资产；第三，做贼的是他，而不是我。”

换一个角度，原来的悲剧完全可以转化为喜剧。如果你也像罗斯福这么想，你还会有什么不开心的呢？

打开心灵的窗户，容纳整个世界。

封闭的心灵使人无法与外界沟通，囿于自己的一片天空，在自己的“势力范围”内打转，这样永远无法体会生命运动的乐趣。

开放的心灵使人像大海一样容纳百川的归来，尽可能地吸纳世界上的新鲜事物。其乐也融融！其乐也泄泄！

很难想象，一个封闭的心能有多快乐。永远在自己的圈子打转，永远不走出去，永不和别人交往，自己的世界就是死水一片、波澜不惊。没有变化的生活是枯燥的生活，没有变化的生活是没有生机的世界。没有生机，哪有快乐?

敞开自己心扉，容纳世界上一切可以容纳的东西，让自己的内心世界充满生机和活力、充满变化与新鲜，这样才能开开心心、快快乐乐地过一辈子。

凡事看开。

不要拘泥小节。

随缘。

充满爱心。

……

打开心扉，快乐自来。

如果你的一生没有几件开心的事情，你的一天没有几声爽朗的笑声，那只证明你最不会活。

人活一辈子，需要的东西还真多。只有婴儿和老人活得最本真。婴儿刚生下来，还不会争、不会论、不会抢、不会夺，而老人已经和别人争过、论过、抢过和夺过了，现在他不得不躺在病榻上，身体破败得像一床棉絮，掐着手指数日子，生命进入了倒计时。“要什么荣华富贵，要什么功名利禄呢？只要让我活着，就好！”是啊，临去之人，其言也善。可是，为什么年轻时我们不会明白、不会生活、不会将最宝贵的光阴用在最有意义的事情上，而只会较劲，杯弓蛇影，无限矫情?

有一则故事：古时有一位老妇，常为一些鸡毛蒜皮的小事生气。有一天她去找高僧谈禅论道，高僧听了她的讲述，把她领到一间禅房里，落锁而去。妇人气得破口大骂，骂了许久，高僧也不理会。妇人又开始哀求，高僧还是置若罔闻。妇人终于沉默了，高僧来到门外，问她：“你还生气吗？”妇人说：“我只为我自己生气，我怎么会来到这个鬼地方受这份罪？”

“连自己都不肯原谅的人，怎么能心如止水？”高僧拂袖而去。

过了一会儿，高僧又问：“还生气吗？”

妇人说：“不生气了。”

“为什么？”

“气也没办法啊！”

高僧又离开了。

当高僧第三次来到门前时，妇人告诉他：“我不生气了，因为不值得气。”

高僧笑道：“你还知道值不值得，看来心中还有气。”

当高僧的身影迎着夕阳立在门外时，妇人问道：“大师，什么是气？”

高僧将手中的茶水倾洒于地，妇人视之良久，顿悟，叩谢而去。

我们的生命就像高僧手中的那杯茶水一样，转瞬间就和泥土化为一体，光阴如此短暂，生活中一些无聊小事，又哪里值得我们花费时间去生气呢？相信我们在生活中都有过为琐事生气的经历，无非是为了争高低、论强弱，可争来争去，谁也不是最终的赢家。你在这件事上赢了某个人，保不齐会在另一件事上输给他，输输赢赢，赢赢输输。当你闭上眼睛和这个世界告别的时候，你和普天下所有的人是一样的：一无所有，两手空空。

人生在世，最重要的是做一些有意义的事，才无愧于自己美好的生命。不要把时间耗在争名夺利上，不要总把“就争这口气”挂在嘴边。真正有水平的人会把这口气咽下去，因为气都是争来的，你不争就没气，只有没气，你才会做好事情，也只有没气，你才会健康地活着，好生气的人很难不生病。

人，为什么只有虚弱的时候（譬如婴儿、老人、病人）才会珍惜生命，才懂得爱与被爱呢？命运竟是如此残酷：我们自作聪明，自欺欺人，而上苍冷眼旁观，暗自发笑。

人活一辈子，只有“开心”两个字让人最心动。开心是一种生命的状态，是一种宁静的心情，是自己想开了的硕果，别人想争也是徒劳。开心让你忘记：和别人争名利、论是非，和别人斗心眼儿、生真气，和别人抢位子、夺情感……开心给你一颗坦然的心，给你一个宽阔的视野，给你一个清醒的头脑，让你从忙着斗天、斗地、斗人，精心计算，日夜辗转中摆脱出来，让你明白自己的生活状态，让你明白自己一生到底需要什么，让你明白真正的幸福是什么，在何处，如何拥抱。

妙语人生

开心是一种智慧。难得糊涂是开心，笑对挫折是开心，活得简单是开心，身体健康是开心，活出自己也是开心。获得成功要开心，失去机会也要学会想开，也要开心。

开心本身就是幸福，是幸福的最大标准，也是幸福的原本。

让亲近自然成为一种习惯

亲近大自然是人的本性。可惜在喧嚣嘈杂的现代都市里，人们在自我保护意识的支配下，沉醉在高科技手段所制造出来的“拟空间”中，丧失了这一亲近大自然的欲望和本能。犹如在动物园中长大的野生动物一样，失去了自然生态条件，就势必会失去许多野性。

如今城市里的人们越来越远离蓝天、阳光、花草、动物等大自然因素，这是中国城市中的一种十分普遍的现代生存状态。

“滚滚长江东逝水，浪花淘尽英雄。是非成败转头空，青山依旧在，几度夕阳红。白发渔樵江渚上，惯看秋月春风。一壶浊酒喜相逢，古今多少事，都付笑谈中。”

在奔流涌动的生命长河中，即使你生活得顺心如意、潇洒自如，甚至多姿多彩，留下千古佳名，然而，在潇洒得意、纵横驰骋的背后，无以言说的无奈和困惑，古人、今人概莫能外。

“人心不足蛇吞象”，人的欲望沟壑永远没有止境，也无法填补，因而得寸进尺，得陇望蜀，这成为世人的通病。世人为了填补自己各方面的欲望，东奔西突，忙得焦头烂额，像不停转动的机器，好像永远没有停下脚步的时候。若我们再去看看深山茅棚的僧人、樵夫，不难发现他们的生活竟是何等的无忧无虑、逍遥自在。

人是大自然之子，大自然中的花草树木、虫鸟禽兽，山川河流、风霜雪雨，向人们的好奇心、探索精神发出声声呼唤。在现代科技不断发展的今天，人们更应实行“开放”政策，打开家门，走进自然。

只有在大自然中，我们心境较平和，思绪才能清晰，行为也才能自在，因此回归大自然，也可以说是回归纯真，回归自我。所以，你自己不妨设想一下：在某一年的春天，你只身旅行到了非洲的肯尼亚，住进了大草原的帐篷旅馆，然后租了部吉普车，开始在草原上进行狩猎之旅。置身在一望无际的非洲草原中，你观赏着身边不时出现的野生动物——大象、狮子、牛羚等，个个自在地与大地共生共存，草原上所展现的巨大野生能量，震慑得你许久说不出话来。

一刹那间，你会发觉身上的每个细胞、每根神经都鲜活了起来，自己的感官有着前所未有的敏锐，风声、草动都接收得一清二楚，身体随之产生了一阵颤动，久久无法自抑。

这时，你才会感觉到，直至现在，你才是一个真真正正的人，一个属于自然的、远离尘嚣的纯粹的自然人，没有尔虞我诈，没有勾心斗角，没有功名利禄，自己完全融入奇妙的生机勃勃的大自然，这种感觉不言而喻，无法用文字来表达。

奇妙自然，快乐天堂。

是的，不看不知道，世界真奇妙，不亲口尝尝，是不知道大自然的滋味的。只有人们走进自然，成为自然的一个部分，才能体会到自然的乐趣与奇妙。

是的，找回生命的本真，唯一的出路就是亲近自然。

即使白天赚到全世界，但在你心里，是否有个声音一直在呼唤：抛开无休止的工作，远离令人窒息的都市，让渴望自然的心静下来！小桥流水、一池荷塘、大片竹林、庭院花草……生活开始进入另一种淡泊间的平静境界——当世界浮躁的时候，唯有心平气和者方能制胜！

人们为什么如此热爱旅游，尤其喜欢到名山大川，到大自然中去，道理其实很简单，那就是去寻找生命的真谛。

我们应该将亲近自然确定为精神追求中的重要的一部分，不妨每天出去散步，这样一方面可以呼吸新鲜空气，锻炼身体；另一方面可以让你的内心感受阳光、蓝天、大地、世间万物的美丽。

在这个世界上我们常常聆听。譬如在大自然中我们寻觅那“明月松间照，清泉石上流”的韵致，寻觅那“蝉噪林愈静，鸟鸣山更幽”的空灵，寻觅那“红树醉秋色，碧溪弹夜弦”的意境。

聆听轻风喁喁低语，聆听松涛娓娓吟唱，聆听蛐蛐细细鸣叫，聆听山林中鸟儿欢啼。亲近自然会使你胸中的块垒随溪水逝去，工作的疲惫被溪水洗去，心灵的尘垢随溪水流去，身心如沐，愉悦清朗，潇洒通透。

有位睿智者说：“当我们明心见性，达到内外如一、心物合一的境界，我们便能从任何细微的事物中获得智慧的启示。安静地看一瓢水，可以听到它演示的清净义，请汲来柔润自己的心田；细致地看一朵花，可以听见它宣说的庄严义，请掬来美化自己的生命。这就是奇妙，万事万物，无时无地不在百般譬喻、殷勤示教，你听见了吗？”

让自己心甘情愿地安守于自己不甘厮守的生活，确实很累。有时觉得自己就像一只被绳子牵着的风筝，只能绕着固定的半径打转，即使怎样挣扎，怎样扑腾，也只能领略一点点有限的风景。而外面世界的缤纷多彩总如同镜中月、水中花，可以清清楚楚地看见，却无法真实地触摸。

于是，在这个平凡枯寂而又缺乏激情的玻璃屋子里，在百无聊赖中享受自己苍白的渴望。我渴望欣赏更多的美丽，我渴望更真更纯的爱恋，我渴望变成风，一直飞啊飞，飞往一个不为人知的角落。伴阳光，随落红，与彩蝶共舞，与山水对话，不为眼前眼花缭乱的繁华迷惑，不为声色犬马的变迁伤感……

亲近自然吧，让自然界欣欣向荣的景象激活你的身体！丰盈你的内心！振作你的精神！

妙语人生

徐志摩在《我所知道的康桥》里有这么一句话：“带一卷书，走十里路，选一块清静地，看天、听鸟、读书；倦了时，和身在草绵绵处寻梦去……”

这是一种多么惬意的生活，没有尘世的纷扰，没有世俗的流言，有的只是此刻心灵的宁静和鸟儿的喧嚣。蓝天，白云，草地，轻啼，还有比这更舒服的环境吗？

知足常乐，幸福永远

古语说：“天下熙熙，皆为利来，天下攘攘，皆为利往。”利当然是社会发展最有效的润滑剂，但不可过于看重名利，过于为名利奔波不休。

随着商品经济的发展，我们每个人都生活在讲究效益的环境里，完全不言名利也是不可能的，但应正确对待名利，最好是“君子言利，取之有道；君子求名，名正言顺”。

当然，最好的活法还是淡泊名利。因为名字下头一张嘴，人要是出了名，就会招来嫉妒，受人白眼，遭到排挤，甚至有可能由此而种下祸根。正如古语所说：“木秀于林，风必摧之；堆高于岸，流必湍之；行高于人，从必非之。”而利字旁边一把刀，既会伤害自己，也可能伤害别人，小利既伤和气又碍大利。如果认为个人利益就是一切，便会丧失生命中一切宝贵的东西。

名利是无止境的，只有适可而止，才能知足常乐。其实心是人的主宰，名利皆由心而起，心中名利之欲无休止地膨胀，人便不会有知足的时候。欲望就像与人同行，见到他人背有众多名利走在前面，便不肯停歇，而想背负更多的名利走在更前面，结果最后在路的尽头累倒。知足者能看透名利的本质，心中能拿得起放得下，心境自然宽阔。

好做讨厌名利之论的人，内心不会放下清高之名，这种人虽然较之在名利场中追逐的人高明，却未能尽忘名利。这些心口不一的人，实际上内心充满了矛盾，但名利本身并无过错，错在人为名利而起纷争，错在人为名利而忘却生命的本质，错在人为名利而伤情害义。如果能够做到心中怎么想，口中怎么说，心口如一，本身已完全对名利不动心，自然能够不受名利的影响。那么不但自己活得轻松，与人交往也会很轻松了。

国学大师林语堂也曾经说过：“满足的秘诀，在于知道如何享受自己所有的，并能驱除自己能力之外的物欲。”

从前，圆音寺的横梁上有个蜘蛛有了佛性。

有一天，佛祖光临了圆音寺，对蜘蛛说：“我来问你个问题，世间什么才是最珍贵的？”

蜘蛛想了想，回答说：“世间最珍贵的是‘得不到’和‘已失去’。”佛祖点头离开了。

过了一千年，佛祖又来了，对蜘蛛说：“那个问题你有更深的认识吗？”

蜘蛛说：“我觉得世间最珍贵的是‘得不到’和‘已失去’。”

又过了一千年。有一天，刮起了大风，风将一滴甘露吹到了蜘蛛网上。蜘蛛望着晶莹透亮的甘露，顿生喜爱之情。突然，刮起了一阵大风，将甘露吹走了。蜘蛛一下子觉得失去了什么，感到很伤心。这时佛祖又来了，问蜘蛛：“世间什么才是最珍贵的？”

蜘蛛说：“世间最珍贵的是‘得不到’和‘已失去’。”

佛祖说：“好，那我让你到人间走一遭吧。”

蜘蛛投胎到了一个官宦家庭，名叫蛛儿，一晃长到十六岁，成了婀娜多姿的少女。

有一天，皇帝在后花园为新科状元郎甘鹿举行宴席。席间，来了许多妙龄少女，包括蛛儿和长风公主。蛛儿觉得这是佛祖赐予她的姻缘。但是，几天后，皇帝命新科状元甘鹿和长风公主完婚；蛛儿和太子芝草完婚。蛛儿深受打击，万分悲伤灵魂就要出壳。太子芝草赶来，对蛛儿说：“在后花园众姑娘中，我对你一见钟情。如果你死了，我也就不活了。”说着就拿起了宝剑要自刎。

这时，佛祖来了，他对蛛儿说：“你可曾想过，甘露（甘鹿）是由谁带到你这里来的呢？是风（长风公主）带来的，最后也是风将它带走的。甘鹿是属于长风公主的，他对你不过是生命中的一段插曲。而太子芝草是当年圆音寺门前的一棵小草，他仰慕你三千年，你却从未低头看过它。我再问你，世间什么才是最珍贵的？”

一个人如若养成看淡名利的人生态度，面对生活，他也就更易于找到乐观的一面。但许多人口口声声说将名利看得很淡，甚至做出厌恶名利的姿态，实际是内心中无法摆脱掉名利的诱惑而做出自欺欺人的姿态，未忘名利之心，所以才时时挂在嘴边。这样，自己又怎能做到宠辱皆忘呢？怎能不劳心费神呢？记住：吃饭八分饱，才会有一个健康的身体；人生八分满，才有一个健康的人生！

妙语人生

世间最珍贵的不是“得不到”和“已失去”，而是现在能把握的幸福！昨日的已过去，明日的还没到来，只有今日的最可贵。珍惜现在，紧紧把握你今日所拥有的，你将是天下最幸福的人。

善待我们的心灵

东晋后期的大诗人陶渊明可算是一个在山水田园中寻找清静环境，以化心中愤疾的典型代表。他是名人之后，他的曾祖父是赫赫有名的东晋大司马。年轻时的陶渊明本有“大济于苍生”之志，可是，在国家濒临崩溃的动乱年月里，陶渊明的一腔抱负根本无法实现。加之他性格耿直，清明廉正，不愿卑躬屈膝攀附权贵，因而和污浊黑暗的现实社会发生了尖锐的矛盾，产生了格格不入的感情。

为了生存，陶渊明最初做过州里的小官，可由于看不惯官场上的那一套恶劣作风，不久便辞职回家了。后来，为了生活他还陆续做过一些地位不高的官职，过着时隐时仕的生活。

陶渊明最后一次做官，是义熙元年（405年）。那一年，已过“不惑之年”（41岁）的陶渊明在朋友的劝说下，再次出任彭泽县令。

陶渊明在做彭泽县令时，有一天郡里派遣督邮到彭泽县来检查工作。县里的小吏听到这个消息后连忙去报告陶渊明。此时，陶渊明正在他的书房里兴致勃勃地读书写诗。他听到小吏说督邮来检查工作，感到十分不快，不过他还是放下纸笔，和小吏一同去会见督邮。小吏看见陶渊明穿着一身便服，非常吃惊地说：“上级来视察工作了，你作为一县之令，应该穿上官服，束上带子恭恭敬敬地去迎接才好，你怎么能够穿着便服呢？”

陶渊明一向讨厌倚仗权势、盛气凌人的官僚，听小吏说还必须穿着官服去向督邮行拜见礼，他觉得这是他无论如何都接受不了的事。他叹息着对小吏说道：“我可不愿意为了五斗米的俸禄，就躬着腰向那些人作揖打躬，做出曲意逢迎的样子来。”说完，陶渊明不仅不去会见上面来的督邮，而且拿出县里的大印和官服交给小吏，说：“督邮来了，请你把这东西交给他吧。”

就这样，陶渊明辞掉了官职，轻轻松松地回家去了。回到家乡以后，他仿佛就像从一个乌烟瘴气的地方突然来到了空气清新、阳光明媚、充满着生命活力的花园里，心情格外地畅快。从此一直过着鸡鸣起而耕，夕阳落而息的生活，尽管生活并不宽裕，但每天与大自然相处，享受着山水的乐趣，精神上充分地获得自由，从而得到了“采菊东篱下，悠然见南山。问君何能尔，心远地自偏”的佳句。诗句由对山水之境的游历观赏，而进入超脱的心之游历，从而得到一种哲学的领悟，发现了身处其间的这个世界的纯真意义。

从前，有个商人，结识了四个朋友。他对第一个朋友言听计从，给他穿最好的，吃最好的，住最好的，用最好的。第二个朋友，气宇轩昂，仪表堂堂，商人对他非常看重，想尽种种办法维持和他的关系，并带着他在人前炫耀，以拥有这样的朋友而洋洋得意。对第三个朋友，商人的态度较为平淡了一些。但因为这个朋友料理事务的能力非常强，商人对他也很满意。唯有对第四个朋友，商人几乎从来没有注意到他的存在。

有一天，商人要到很远的地方去做生意，想要带其中的一位朋友前去，以解除旅途寂寞之苦。问第一个朋友，第一个朋友说，我们只能共欢乐，不能共患难，我没有陪你出远门的义务。商人很是伤心，问第二个朋友，第二个朋友说，我知道你对我很好，但是我也知道普天之下所有的人也都对我很好，所以我也不会陪你前去。伤心的商人问第三个朋友，第三个朋友说，我可以送你走一段路，但送到门外后，我就要返转身来，因为有很多的事情等着我去处理。伤心的商人这时终于想到了第四个朋友。出乎他意料的是，第四个朋友什么话也没说，就陪他一起上路了。

在这样的一则禅的故事里，那位商人不是别人，就是我们每个人自己。他要去的那个很远的地方，不是别处，就是死亡的国度。这则故事的主旨在于说明：当我们有朝一日离开这个世界的时候，我们到底能从这个世界上带走什么东西？

第一个朋友，是衣食之友，是我们的肉体。我们很多人一辈子都围着肉体打转，满足一己的感官享受，但到最后，这具肉体并不能随我们而去。所以清代乾隆皇帝说："未生之时谁是我？合眼朦胧我是谁？"——我们的父母没有生我们的时候，"我"在哪里？有朝一日永远闭上了眼睛的时候，"我"又在哪里？

第二个朋友，是名利之友，是我们的财富、金钱、地位。我们辛辛苦苦地追逐，唯恐稍不努力，这些东西就会离我们而去。《红楼梦》里有首《好了歌》说："世人都晓神仙好，唯有功名忘不了。古今将相在何方？荒冢一堆草没了。世人都晓神仙好，唯有金银忘不了。终朝只恨聚无多，及到多时眼闭了。"

第三个朋友，是亲属之友，是我们的妻子、同事、伙伴。在我们的生命中，与这些朋友相聚共处，是一种值得珍惜的缘分。但是，当我们离别这个世界时，他们并不能随我们同去。"夫妻本是同林鸟，大限来时各自飞"，即使是最亲爱的夫妻之间，当大限来时，也还是各人的生死各人了，更何况其他的人。

第四个朋友，是心灵之友，是我们的心灵、感受。我们能从这个世界上带走的，是这颗干干净净、清清纯纯的心灵。只有它对我们生死不离，不抛弃、不相离，但我们偏偏忘了它的存在！

关注我们的心灵，善待我们的心灵，我们就能够停下匆促的脚步，聆听真实生命的声音，从而使生命多一份从容与淡定。然而不幸的是，我们很多人一辈子都在追逐，应对第一、第二、第三个朋友，而偏偏忽略了第四个朋友。而这第四个朋友，恰恰是我们最需要关注的朋友，是我们生命中最宝贵的本心本性。

妙语人生

在这个世界上，我们固然要善待我们的身体，善待我们的金钱、名利、财富，善待我们的亲人、同事，但是，我们更要善待我们的心灵！

兴趣多，快乐自然就多了

中国作家王蒙曾经说过这样一段话：“在人的各种各样的毛病中，在各种骂人的词中，无趣是一个很重的词，是一个毁灭性的词。可悲的是，无趣的人还是太多了。这样的人除了一两样东西，如金钱、官职，顶多再加上鬼鬼祟祟耍心眼儿，再无爱好再无趣味。一脑门子官司，一脑门子私利，一脑门子是非，顶多再加一肚子吃喝。不读书，不看报，不游山，不玩水，不赏花，不种草，不养龟、鱼、猫、狗，不下棋，不打牌，不劳动，不锻炼，不学习，不唱歌，不跳舞，不打太极拳，不哭，不笑，不幽默，不好奇，不问问题，不看画展，不逛公园，不逛百货公司……自己活得毫无趣味，更败坏所有与他接触过的人的心绪。”

兴趣爱好比较广泛的人，视野比较开阔，思路比较活跃，较容易从多方面得到启迪而促进创造性活动获得成就。

兴趣能焕发旺盛的精力，我们既要培养较广泛的兴趣，同时又要确定一个中心兴趣，并使这一兴趣保持持久、稳定的状态。坚持发展中心兴趣，能使人在某一领域贪婪地、大容量地吸纳知识，在某一方面发展特殊的才能，不断产生新的成绩。许多成功者的实践证明，他们几乎无一不是在中心兴趣的领域结出创造之果的。中心兴趣导向成功，是人才成长的一条法则。

一个人干起自己所感兴趣的事来，往往不易感到劳累，它能使人在心理上始终保持着一种亢奋状态。他绝不会感到工作是受苦、是折磨，因此，对身心发展极为有利。兴趣，能使人不知疲倦地连续工作，甚至可使人将终身的精力都献给它。

美国总统富兰克林·罗斯福即使在战争最艰苦的年代里，仍然坚持每天抽出一点时间来从事自己的小爱好——集邮。做自己喜欢做的事，可以让他忘记周围的一切烦心事，让心情彻底放松，让大脑重新清醒起来。

小兴趣可以愉悦身心，放松心情，而且还有延年益寿之功。有人做过这样的研究，他们试图找到长寿老人的共同特点。他们研究了食物、运动、观念等多方面因素对健康的影响，结果令人惊讶，长寿老人们在饮食和运动方面几乎没有完全共同的特点，但有一点却是共同的，即他们都有自己的小爱好，并且把这作为自己的人生目标而为之奋斗，这是他们的精神寄托。

所以，无论你对生活多么不满，一定要有人生目标，要有点爱好，有点精神食粮，因为它能使你看清人生的使命，能让你找到心灵的家园，从而使人生更有意义。

在美国长岛，有一位名叫莱伯曼的百岁老人，他头发花白，但精神矍铄，老人看上去最多不超过80岁。据老人讲，他根本没想到自己能活这么大年纪，因为在他80岁的时候，曾对生命失去了兴趣，以为自己到了寿终正寝的时候，那时他健康状况很差，看上去像是真的要不行了，可一次偶然的机会，他与绘画结缘，从此，他迎来了自己人生的第二次青春。

莱伯曼是在一家老年人俱乐部里和绘画结下缘分的。那时，老人歇业已多年，他常到城里的俱乐部去下棋，以此消磨时间。一天，女办事员告诉他，往常那位棋友因身体不适，不能前来作陪。看到老人的失望神情，这位热情的办事员就建议他到画室去转一转，还可以试画几下。

“您说什么，让我作画？”老人好奇地问道，“我从来没来摸过画笔。”

“那不要紧，试试看嘛！说不定你会觉得很有意思呢！”

在女办事员的坚持下，莱伯曼到了画室，平生第一次摆弄起画笔和颜料，但他很快就入迷了，周围的人也都认为他简直就是一个天生的画家。81岁那年，老人开始去听绘画课，开始学习绘画知识。从此，老人感到重新找到了生活的乐趣，精神一天天好了起来。

1997年，洛杉矶一家颇有名望的艺术陈列馆专门为莱伯曼举办了一次画展。此时，已年过百岁的莱伯曼笔直地站在入口处，笑容满面，迎接参加开幕式仪式的来宾，许多有名的收藏家、评论家和新闻记者都慕名而来。作品中表现出来的活力，赢得了许多观众的赞赏。

老人在展后接受采访时兴趣盎然地说："我不说我有101岁的年纪，而是说有101年的成熟。我要借此机会向那些自认为上了年纪的人表明，这不是生活暮年，不要总去想还能活到哪年，而要想还能做什么，着手做点自己喜欢的事，这才是生活。"

亨利·梭罗曾经说："我从没找到过这样一个伙伴，他能像这一小时那样长期地陪伴着我。"生命的质量是以所做的而不是以人度过的光阴来衡量的，生活中每天抽出一点时间来做自己喜欢做的事，能使心灵更美，生活更有情趣，生命也更有意义。

一个多才多艺的人，容易产生成就感，容易被社会接纳。因为他能赢得社会的赞誉、周围人们的欣赏，因而弥补自己生理上的、性格方面的不足；能使人厚积薄发，触类旁通，愉快地编织自己的网络，萌生出新的乐趣；易发现别人不易发现的智慧和美。

有时，在别人一筹莫展之处，他却能畅通无阻，勇往直前。在别人遇到危难、难以前进时，他却能履险如夷，跨越艰辛。一个对生活、对人生充满渴望、兴趣盎然，保持一种积极心态的人，必然有过人的精力。

兴趣，能增加生活的亮色。

兴趣，是一个人充满活力的表现。生活本身应该是赤橙黄绿靛蓝紫多色调的。有兴趣爱好的人，生活才有七色阳光，才能感受到生命的珍贵可爱。

在紧张的工作之余，培养自己的兴趣爱好，能调适心情，使自己得到放松。

健康有益的兴趣，能使人在潜移默化中享受生活的馈赠，接受文明的陶冶，培育良好的性格、毅力、意志等优秀心理气质。

兴趣爱好还能促进人际交往，增进友谊。使人扩大视野，开阔知识面，使人心境愉快，促进身体健康，给人们的生活带来幸福和宁静。

在整个人类文明史上，不少文坛俊杰、科学巨擘、商界行家、政坛精英，他们都有自己独特的、丰富的事业和生活的兴趣雅好。他们既是执著创造的事业中人，又是富于生活情趣的性情中人。事业是他们的不朽生命，生活则是他们纵横捭阖的精美舞台。他们在享受立业欢愉的同时，又以自己斑斓多彩、瑰美绝有的闲情雅趣，装点生活的艺术，拓展独特的才华。

许多文人、学者、画师钟情于大自然，他们或是拨动山水之韵，或是追寻绿的踪迹，或是醉赏风花雪月，或是独享月色的清幽。他们栉风沐雨，散怀山水，江海踏浪，遨游天下，贪婪地阅读着浩浩宇宙之书。

大自然的神韵带给他们创造的灵感，助他们在事业的海洋中自由地游弋。不少名家在休闲时刻都有自己多姿多彩的爱好，他们或情系花香，或醉恋草木，或宠爱生灵，或迷于音乐，或欣赏艺术，或闲读诗书，或博藏珍玩，或强身养性……在五彩缤纷的生活中，享受人生之趣，使自己的事业、身心都得到和谐、均衡、健康的发展。

兴趣与快乐是相伴相生的。要热情地培养兴趣，积极地寻觅快乐，主动“创造”愉悦之境，是每一个奋斗者应具备的态度。快乐，不会自动到来，它需要你努力寻找和创造出来。人活在世界上，究竟是快乐的时候多，还是不那么乐活的时候多呢？

妙语人生

人生不如意十之八九。快活并不是每个人都有运气碰上的，不快活则是随时随地在等待着你。一个人踏进社会，不知会有哪些坑坑洼洼，等着你去跌个鼻青脸肿呢？所以，越寻思越觉得活在这个世界上太累了。怎么办呢？如果你不想精神崩溃，如果你并不甘心。那么，最佳之计：你一定要努力寻找快乐，去追求心目中的理想世界。

栽种美丽的心灵之花

是的，无论生命有多少凄苦，人生有多艰难，栽种一株美丽的心灵之花于心田，让绚丽的花朵昂然地绽放在生命的枝头。从此，你便拥有了蕙质兰心，你的心境也定会盈满幸福！

“文革”期间，著名作家沈从文被下放到多雨的泥泞的湖北咸宁劳动改造，饱受痛楚。可沈从文毫不在意，在咸宁给他的表侄、画家黄永玉写信说：“这儿荷花真好，你若来……”

就这样一句普普通通的“荷花真好”，竟使那段苦难的日子飘荡着荷花的芬芳，令人以为多雨泥泞的咸宁是王孙可游的人间仙境呢！

行文至此，偶然想起在《读者》上看到的一篇文章，也如此令人怦然心动：唐代著名的慧宗禅师常弘法师讲经而云游各地。有一回，他临行前吩咐弟子看护好寺院的数十盆兰花。

弟子们深知禅师酷爱兰花，因此侍弄兰花非常殷勤。但一天深夜，狂风大作，暴雨如注。偏偏当晚弟子们一时疏忽，将兰花遗忘在了户外。第二天清晨，弟子们后悔不迭；眼前是倾倒的花架、破碎的花盆，棵棵兰花憔悴不堪，狼藉遍地。

几天后，慧宗禅师返回寺院。众弟子忐忑不安地上前迎候，准备领受责罚。得知原委后，慧宗禅师泰然自若，神态依然是那样平静安详。他宽慰弟子们说：“当初，我不是为了生气而种兰花的。”

就是这么一句平淡无奇的话，在场的弟子们听后，肃然起敬之余，更是如醍醐灌顶，顿时大彻大悟……

“我不是为了生气而种兰花的”，看似平淡的偈语里，暗示了多少佛门玄机，又蕴涵了多少人生智慧啊！现实生活中，无限制增长的欲望、不满足现状的心态，还有那诸多数不清的烦恼与磨难，常常使人患得患失。因此，很多人抱怨命运，抱怨时运不济，抱怨人生多“苦”。

常言道：人生在世，不如意事常八九。其实，只要你严肃冷静地分析人生，痛苦与欢乐几乎是与生俱来的。造物主让你来到人世中，享受世间的无限欢乐，但同时也要给你困苦、不幸的负重。人生就是一次爬山的旅行，辛苦是自然的，摔跤有时也难免，磨难就是这次旅行的代价。既然你能够愉快地享受人生，为什么不能快乐地接受生活赐予的苦难呢？况且，苦难已降临，生气烦恼又有何用？

曾经有一个青年，在未出家前，常常遭到别人的辱骂，反骂回去时，换来的却是更大的羞辱，最后因为耐不住自尊连番受挫，一时心灰意冷，才愤而出家。

教他佛学的师父洞悉了他心中的障碍，忽然一改和善的态度，动辄吼骂，视之为无物。

“怎么？骂你，你不高兴是吧！不服气，你也可以反骂回来呀！为什么不敢？因为我是你师父？因为怕骂了我，我会赶你出去，天下之大就没有你可以容身之所？还是你怕会骂输给我，担心自尊受到更大的侮辱，唯恐又刺伤了从前的痛处？”

青年气得额头青筋浮凸，简直就像是密封在罐子里的炸药。

“像你现在的心境，如何习法学道？我这里有两条路给你选，一条是去后山禁闭室修行两年，一条是立刻滚出山门。”师父不留情面地说。

青年气虽气，但一想到：这已是人生最后的退路，离开这儿，岂不又要回到原来的世界？一个人寂寞独处，总好过骂不赢人，一再地被羞辱好。他决定修行两年。

两年期间，师父不定时地会来到后山，在禁闭室外，故意骂他不长进，是庸夫一个。而他总是紧闭门窗，独自在里头气得跺脚，以忍功回应。无奈，越忍耐就越气，修行还怎么修得下去?

一日，师父又来到禁闭室外，大骂他不是个东西，没想到他却出声回应了："谢谢师父的赞美，弟子还真不是个东西呢！"

师父察知他有所转变，但不晓得到达何种程度，继续骂："哎呀！你这个烂东西，竟然敢顶撞师父！"

青年再回应："啊！师父，您说对了！弟子全身上下就没一处是好东西，若非这个虚假不实的烂身体，弟子早云游四海去了！"

"哼！你这废物，将来出山门可别说是我的徒弟！"

青年在屋里大声笑答："不敢，不敢！我会说自己是师父的一堆屎，将来有机会埋在土里，滋养大地，使万物受育。幸哉！幸哉！"

师父终于再也骂不下去，高兴地说："你现在的心胸，想必是万里无云的晴空了。既然阴霾已去，还赖在笼子里干什么？出来吧！"

以骂止骂，无疑拿矛刺盾，有的是招惹更多的攻击。以忍制辱：恐怕火候不够，到头来，又被自己多伤害了一次。不如学着像大海笑纳百川，非但没有受到吞并污染，反倒汇成汪洋，饱孕无限的生机！

妙语人生

栽种一株美丽的花朵于心田。无论生活面临怎样的境地，人生遭逢怎样的磨难，请把美丽的花朵开放在心灵的原野上，让灵魂的舞姿如花之绰约，满载着花的芬芳。

自然随缘，波澜不惊

《淮南子》中曾有这样一个故事：有一位住在长城边的老翁养了一群马，其中有一匹马忽然不见了，家人们都非常伤心，邻居们也都赶来安慰他，而他却无一点悲伤的情绪，反而对家人及邻居们说："你们怎么知道这不是件好事呢？"众人惊愕之中都认为是老人因失马而伤心过度，在说胡话，便一笑了之。

可事隔不久，当大家渐渐淡忘了这件事时，老翁家丢失的那匹马竟然又自己回来了，而且还带来了一匹漂亮的马，家人喜不自禁，邻居们惊奇之余亦很羡慕，都纷纷前来道贺。而老翁却无半点高兴之意，反而忧心忡忡地对众人说："唉，谁知道这会不会是件坏事呢？"大家听了都笑了起来，都以为是把老头给乐疯了。

果然不出老头所料，事过不久，老翁的儿子便在骑那匹马时摔断了腿。家人们都挺难过，邻居也前来看望，唯有老翁显得不以为意，而且还似乎有点得意之色。众人很是不解，问他何故，老翁却笑着答道："这又怎么知道不是件好事呢？"众人不知所云。

事过不久，战争爆发，所有的青壮年都被强行征集入伍，而战争相当残酷，前去当兵的乡亲，十有八九都在战争中送了命。而老翁的儿子却因为腿跛而未被征用，他也因此幸免于难，故而能与家人相依为命，平安地生活在一起。

这个故事便是"塞翁失马，焉知非福"的出处。老翁高明之处便在于明白"祸兮福所倚，福兮祸所伏"的道理，能够做到任何事情都能想得开，看得透，顺其自然。顺其自然是一种处世哲学，而且是一种很好的、很受用的处世哲学。

顺其自然是最好的活法，不抱怨、不叹息、不堕落、胜不骄、败不馁，只管奋力前行，只管走属于自己的路。中国有句俗话叫作“谋事在人，成事在天”，而这种“成事在天”便是一种顺其自然。只要自己努力了，问心无愧便知足了，不奢望太多，也不失望。

顺其自然不是随波逐流，放任自流，而是应该坚持正常地学习和生活，做自己应该做的事情，弄明白自己的人生方向后踏实地顺着这条路走下去。有人曾经问游泳教练：“在大江大河中遇到漩涡怎么办？”教练答道：“不要害怕。只要沉住气，顺着漩涡的自转方向奋力游出便可转危为安。”顺其自然也是如此，它不是“逆流而动”，也不是“无所作为”，而是按正确的方向去奋斗。

有一位孤寡的母亲，膝下只有一子。这位母亲对于独子疼爱有加，生怕一个闪失，失去了唯一的希望。

有一年，村里流行一场瘟疫，寡母钟爱的儿子不幸也死于这场瘟疫。伤心欲绝的母亲不能接受这个残酷的事实，每天搂抱着气绝已久的孩子，号啕大哭。

从此妇人就像疯子一般，碰到任何人便哀哀祈求：“我的孩子死了，天哪！谁能救救我的孩子？”

可怜的妇人活在丧子的悲痛之中，哭断了柔肠，街坊邻居都爱莫能助，不知如何来帮助她。

直到有一天，佛陀到此地宣教说法。许多村人不忍妇人沉沦在痛苦的深渊，把妇人引到佛陀的座前，希望佛陀给她一些启示。佛陀慈悲地看着妇人说：“妇人家，你只要找到一样东西，我就有办法救活你的孩子。”

绝望中的母亲，听到之后怀着无限期盼的眼神对佛陀说：“佛陀，只要能救我的孩子，任何东西我都愿意去找。”

“你如果能找到吉祥草，把它覆盖在你孩子的身上，便能起死回生。”

“什么叫吉祥草？要到哪里才采得到呢？”

“吉祥草生长在从来没有死过亲人的人家之中，你赶快去寻找吧！”

怀着一线希望的母亲，锲而不舍，挨家挨户地寻找，每到一户人家，便恭敬地双手合十问道：“请问你家曾经死过人吗？你家里有吉祥草吗？”

“我家没有种植什么吉祥草。数月前我家老人才刚刚过世。”

问了很多人家，就是没有一户不曾死过亲人的。妇人失望极了，世间之大，竟然没有一个人能够救她的孩子。佛陀于是开导她说：“你终于明白，任何人家没有不曾死过亲人的道理。世间上一切万物，有生必有死，有生必有灭，诸行无常的生灭现象，是自然的法则。因此你儿子的死亡，也是一种必然的实相。”

人生的无常，一如风云的变幻。了解了人生的无常，不是让人消极、悲观、放弃一切希望，而是让我们觉悟以求解脱，以“凡事如何不喜欢”的态度面对。这样，我们的心情自然能获得永恒的喜悦。

妙语人生

顺其自然不是宿命论，而是在遵守自然规律的前提下积极探索；顺其自然不是不作为，而是有所为，有所不为。人生如同一艘在大海中航行的帆船，偶遇风暴是无法改变的事实，只有顺其自然，学会适应，才能战胜困难。

山与水的人生智慧

“水”是生命之源，也是为人之鉴。

仁者乐山，智者乐水。智者乐水，在于水的品格。老子认为人生若水，“上善若水”。

人生若水，指的是人当洁身自好，其品行像一泓清水一样清澈透明，其生存意志当像山涧溪流淙淙而下，欢快奔流，直至江河大海，永不停息。

“上善若水”，是指人生达到的一种境界。老子认为当一个人处世若水之谦卑，存心若水之亲善，言谈若水之真诚，为政若水之条理，办事若水之圆通，行动若水之自然，交往若水之清淡，人品若水之纯洁时，便进入了“水”之境界，这就达到了一种至善、至真、至美的境界。

水，阴柔无比，无形却无不形，随圆而圆，随方而方，甘心停留于最低洼和最脏处，那样安于卑下不与万物争，天下之物莫柔于水；但任何攻坚克强的东西都不能胜过它，因为世上没有别的东西可替换它，也没有别的东西可以与它相比。即使平静无澜的水流下也潜伏着强大的力量。大江大河从远处眺望，表面上平波如镜，但是你只要一接近就会感到江水的宏大气势，处处暗藏漩涡，隐伏着巨大的能量。一个人并不需要处处占上风、出风头，也不需要处处与人相争，只要像水那样，具有柔软、谦虚和蕴藏力量的素质，就能在不知不觉中战胜对手，此乃为以柔克刚之理。

水总是向着低处流，百川归海。大海之水，浩瀚无比，它之所以能成为百川之王，就在于它心胸开阔，甘为下者的缘故。有道是“空穴来风”“有容乃大”。琴瑟和鸣，箫笛同奏，之所以能发出悠扬婉转、美妙动听的声音，就在于它们有“空”有“容”。如果人能够从水中受启迪，向水看齐，那么，一定会虚其心，去其强，甘为人下，为而不争，进入到一个更高的自由境界。

水又为“通达之渠”。人们也将彼此间看法的交换，称之为“沟通”，从文词上就能看出与“水”有相当的关系。水，避高趋下，营造形势，包围并吞，无所不及，无孔不入。中国的“沟通”哲理，从文字上已看出巨大的端倪。中国式的沟通，并非如同西方谈判的绝对方式，谈得成就决议，谈不成就破裂走人。而是经过模糊的过程，达到明确的结果。先是必须避开对方的坚持，再将他的坚持化成对我们意见的助力，化成与我们看法的融合；最后，共同达成我们的目的。中国人的沟通，似“水”融入各种物体般柔和，在包容后，却无一不化为水的一族。水的形体虽变化万千，可为固体、液体、气体，但其本质却永远是水。所以，中国沟通哲理的智慧，就是若水之圆通。

深山藏古寺，禅堂卧蛟龙。一位禅僧自从住进禅堂，就效仿禅宗四祖道信，夜不展单，胁不沾席——俗称“不倒单”、不睡觉。他十年之中，昼夜坐禅，心无杂念。然而，眼看着同门师兄弟一个个跃过龙门，化作飞龙喷云播雾遨游太空，而他仍然是鲤鱼一条。

有一天，他实在想不明白，就到方丈室请示住持和尚：“师父，弟子自从投到您的门下，打坐修行不倒单，没有一刻嬉戏荒废。可以说，在您的弟子中，没有一个人比我更用功心切的了，可是，为何只有我一直不能开悟？”

禅师递给了他一只葫芦和一把粗盐粒，说道：“你知道，水，能溶化食盐。现在。你去把葫芦里灌满水，再将盐粒装进去。你若是能让葫芦里的盐立刻溶化，你就开悟了。”

弟子将信将疑，但仍然按照师父的嘱咐去做了。不一会儿，他手里提着沉甸甸的葫芦跑回了方丈，急切地对师父说：“师父，盐粒装进去之后，并不能立刻自行溶化。而葫芦的口太小，棍子又伸不进去，无法搅动。所以，葫芦里的盐到现在还没化完，看来，我是无法开悟了。”

禅师接过葫芦，将里面的水倒出了一部分，仅仅摇晃了几下，所有的盐粒马上溶化了。他这才对弟子说：“一日六时（古代印度计时方法，一昼夜分为六个时段）不间断用功，不为心灵留下一些空闲，就如同灌满水的葫芦，搅动不得，摇晃不动，如何能溶解其中的盐粒呢？又如何能心开得悟、契入禅机呢？”

弟子不解：“难道，不用功就能开悟吗？”

“修行要用平常心。而执著修行，急切期盼开悟，也是执著，必须舍弃。”

弟子豁然开悟了，说：“我由师父见到了南泉。”

“平常心是道。”

南泉普愿大师仅此一语，道尽了禅宗千年风韵。

把平常心诠释得最通俗易懂、最生动有趣、最别具一格的，当属南泉的弟子——长沙景岑禅师。

学僧问景岑：“师父，你曾亲自见过南泉提倡平常心。那么，如何是平常心？”

景岑本来是跏趺而坐，听学僧如此一问，就把腿放了下来，改为像平常人一样的舒舒服服的坐姿。然后，他问道：“懂吗？”

学僧一头雾水，老老实实说：“不懂。”

景岑禅师微笑着说：“傻小子，想睡就睡，想坐就坐。热了纳凉，冷了烤火。”

景岑禅师的意思是说，一切顺其自然，就做到了平常心。

妙语人生

人生尘世，很难免除私心杂念的干扰和官权利禄的诱惑。激烈的竞

争、金钱的崇拜、生活的变幻、信息的更新、欲望的膨胀等，都让现代人无所适从。一些“聪明人”争先恐后，千方百计，无所不用其极，结果贪多嚼不烂，事业不成，心如沸水，苦恼无限，人生愁多。若心无旁骛，心如止水，专心致志，一心一意，专注一事，就少了许多社会环境、关系的无谓干扰，更多了一份内心的宁静、充实与自由。

算好人生的加减法

许多人快到生命终结的时候，总是懊悔虚度了一生，总是假设如果再给他一次生命，他将如何如何？觉得自己不该失去很多，觉得人生还有潜力，只是加法做得不够。可是生命是一次单程不归的旅程，没有后悔药！

那么，人生的“加法”是什么呢？是追求知识、成功、富贵、名利。而生活仿佛是一个容器，总想放很多东西进去来丰富我们的人生，这并没有错，关键是你要放什么进去，你要怎么放。记得有一篇叫《生命中的大石头》的文章，讲了一个如何管理时间的小测验：

先把一堆拳头大小的石块放进广口瓶，直到再也放不下。其实，还可以放砾石来填满石块的间隙；还可以倒沙子来填充砾石的间隙；甚至还可以把水倒进玻璃瓶……

可见时间是挤出来的，而人的潜力也是挖掘出来的，所以人生需要加法。只要你努力，不自满、不自卑，给自己定个高一点的目标，跳起来就能完成。信仰、学识、技能、事业，都是生命中的大石头，趁着年轻力壮，早早地放进自己的瓶里，然后再从容地去享受、去游玩、去消遣。如果把这个顺序颠倒过来，那么想装大石头就晚了，只能“老大徒伤悲”了。

但仔细想想，一辈子只是拼命地做“加法”，有了金钱，又要美女；有了豪宅，又要名车；有了地位，还要名声；生怕自己的东西比别人少，没完没了，岂能不累？结果可能生活失调，精神崩溃，并不幸福。

读过一篇随笔《生活的篓子》，很受启发：一个生活沉重的人去见智者，智者给他个篓子背在肩上，要他走一步捡块石头放进去，看看有什么感觉。等那人走到终点，累得趴下。智者说，这就是你为什么感觉生活沉重的道理。

我们来到这个世上，每个人都背着一个空篓子，而人的一生，就是不断地往自己的篓子里放东西的过程。如果有了，就想更多，贪得无厌，欲壑难填。只做加法就很悲哀，明智的选择是做“减法”的人生了。

远离名利、看淡成败、安于淡泊就是减法，老子说，“祸莫大于不知足，咎莫大于欲得”。知足、节制、感恩、惜福、避祸，说的就是人生需要减法。

张良当年历尽艰辛帮刘邦夺天下，功高盖世，可他却毅然辞官不做，归隐山林，享受淡泊的人生乐趣，得以安度晚年。而韩信也是战功赫赫，但他对人生的期望值很高，拼搏于官场，最终却丢了性命。可见减法使人消灾。

生命是一道算术题，人的一生不过三万个日子，活一天就会减少一天。功名和财富却随时间推移做着加法。可是有一天当这两条曲线交叉时，生命的显示屏上就会出现零，0乘以任何数都等于0。再多的也都带不走，这就是生命的算术公式，残酷而真实。

人生的加法，给我们加入智慧的光芒，加入品格的力量，加入财富的积累，加入亲情的温馨，使人生更加丰盈。而人生的减法，为我们减去多余的物质，减去奢侈的欲望，减去心灵的负担，减去环境的纷扰，合理安排人生的进退取舍，使人生更健康。

游方和尚问曹山禅师：“人世间最珍贵的东西是什么？”

曹山禅师抬眼远眺，只见树的枝丫上悬挂着一团黑色的尸体，于是说道：“死猫的头最珍贵！”

和尚圆睁不解地问道：“为什么呢？为什么世人认为一钱不值的东西，禅师竟认为是人世间最珍贵的？”

曹山笑着说：“樗树根大枝弯，世人因为看它无用，它便得以生存；

栎树虽然一表树才，但是做船船沉，做棺腐朽，造器具即折毁，当屋柱生蛀虫，完全没有用处，唯一有用的就是可以用来乘凉。正是因为它们无用所以才珍贵！死猫的头最贵，因为没有人出价争夺，也没有人出得起性命价钱呵！”

世人贪名逐利，你欺我骗，斤斤计较成败得失，人生本来就不易，何必再假惺惺！

一串珍贵珠宝，勾得多少人争夺？一方官印，引起多少干戈？

把生命都耗费在名利上，到头来只能是一场空；世俗无价值的清明自在是生命的至宝，使我们不会感觉到空虚，不受世俗伤害，看到生命的本源，找到人生的快乐。生命的最高境界，应该是无争、无价、安宁、幸福。财色与名利只不过是人生的泡沫与尘灰，何必抵死相争？

妙语人生

加法是一种成长，减法是一种成熟。

它们是生命中的两个轮子，不可或缺。一个是孔子孟子“兼善天下”的历史使命和社会担当，一个是老子庄子“顺乎自然”的内在修养和自我完善。加法减法并用，两个轮子齐转，生命之旅才会风光无限。

珍惜当下，学会享受幸福

一个深切渴望能够早日得悟正道的和尚，发誓要到深山中苦修，希望借着山川的空灵之气，洗净自己的心境，让自己得以早登化境。

一天，和尚在山林中行走，边走边苦思一个经书上解不开的难题。突然他闻到了一股腥味，猛一抬头，前面的山路上，赫然有一只吊睛白额的猛虎，正要扑上前来。

和尚大吃一惊，连忙转身撒腿就跑。情急之下，似乎跑得特别快。那只老虎在后面远远地追着，和尚愈跑愈快，眼看就可以脱出猛虎的威胁了。

和尚没有想到自己只顾拼命奔跑，丝毫没看清周围的环境。跑着跑着，他竟跑到了一处悬崖上。和尚仍不肯放弃最后一线希望，他快步冲向悬崖边，往下望去，心中想着，悬崖底下若是深涧，自己冒着危险纵身一跳，或许还可以侥幸逃离虎口。

悬崖底下果然是一道极深的山涧，只不过，水中隐隐约约还露出几段枯木似的东西，漂浮在山涧里。和尚仔细看了看，那些枯木竟然是一大群鳄鱼。

正当他思索着该如何处置眼前状况的同时，那只猛虎已经追到。它倏地往前一扑，和尚没有退路了，只能往山涧中一跳，手中却紧紧地抓着悬崖边垂下的一根树藤，就这样让自己凌空悬吊在崖边。

和尚希望凭着自己的臂力，或许还可以支持一会儿，等到老虎失去耐心离去，可能还有一线生机。

这时候，悬崖边不知从哪儿冒出一黑一白两只老鼠，竟不约而同地啃食起和尚手握的那根树藤，眼看两只老鼠再啃几下，树藤就要断了，和尚也将落入鳄鱼的口中。

和尚望着那两只老鼠，心中顿时醒悟：这两只老鼠岂不象征白天与黑夜，不断地啃食人们生命的剩余时光；而老虎、鳄鱼，则是自己一直不愿去坦然面对的恐惧。在生命即将结束的这一刻，和尚终于领悟到生命中最重要的，就是要让自己活在当下。

就在这一瞬间，老虎、鳄鱼、老鼠全都不见了，和尚好端端地站在山林之中，脸上露出笑容。

时间飞逝，如果我们不及时把握，就会错失很多良机。所以，我们要把握现在，活在当下，而是不能生活在过去和未来之中。

妙语人生

不管你是否察觉，生命都一直在前进。人生并未出售返程票，失去的便永远不再回来。将希望寄予“等到空闲的时间才享受”，我们不知道失去了多少可能的幸福。不要再等待有一天“你可以松口气”，或是“麻烦都过去了”，才去实现你的目标或理想。生命中大部分的美好事物，都是短暂易逝的，享受它们、品尝它们，善待你周围的每一个人，别把时间浪费在等待所有难题都有完满结局上。

心远地自偏

某日，坦山和尚与一道友一起走在一条泥泞小路上，此时，天正下着大雨。

他俩在一个拐弯处遇到一位漂亮的姑娘，姑娘因为身着绸布衣裳和丝质衣带而无法跨过那条泥路。

“来吧，姑娘。”坦山说道，然后就把那位姑娘抱过了泥路，放下后又继续赶路。

一路上，道友一直闷声不响，最后终于按捺不住，向坦山发问：“我们出家人不近女色，特别是年轻貌美的女子，那是很危险的，你为什么要那样做？”

“什么？那个女人吗？”坦山答道，“我早就把她放下了，你还抱着吗？”

南无阿弥陀佛的感悟：

如《好了歌》所言，人们都晓神仙好，就是财富、官位、生命、子女、配偶等忘不了。

财富、官位、生命、子女、配偶等，终归于无。

亿万身家，亦不过日食三餐、夜眠六尺，最终也难免水火官盗并逆子五子分金，顿化乌有。智者有言，子孙胜于我，要钱干什么；子孙不如我，要钱干什么?

官位功名之恋，更是无味。古来王侯将相万万千千，如今无不荒冢一堆、默默于野。孜孜以求，若为民造福、建功立业，当予肯定；若为窃位谋私，现实之报在于牢狱，未来之报重在无间、祸及子孙。

贪生怕死，人之本性？然，人生不过百年，贪生生不住，怕死死照来。此身皮囊，不过人之衣衫，成住坏空、生老病死，终将一死。贪生何趣，怕死无益。平常以对，自在逍遥。

子女夫妇本为债主，眷恋更是不值。当今，痴痴父母爱儿女者众多，悠悠儿女孝父母者寥寥。夫妇眷属情真意切如梁祝者寥寥，同床异梦各怀鬼胎者不乏其人。信什么海誓山盟，信什么“冬雷震震夏雨雪乃敢与君绝”，无非痴人说梦、一枕黄粱。（如今气候改变，冬雷夏雪已不少见，所以大伙“乃敢与君绝”！）

还有人家的短短长长、星星点点，以及与人家的恩恩怨怨、是是非非忘不了。

人家短长与星点，是人家之事，与你何干？他脸上有污，洗不洗，他自己决定；你老放在心上，岂不累倒？即便与人家恩怨是非，亦当放下；让他三尺，地阔天宽！

对于上述之理，世人未必不知，就是知而不悔，就是一个——放不下！

大众当知，一切皆是空，万缘当放下。

放下是智慧的选择。俗话云，葫芦挂在墙上好好的，挂到颈上干什么？要明白，抱着太累，背着受罪，担着吃亏，放下真美！

放下是彻底的解脱。搁下手上的，抖出怀中的，卸掉背部的，除去肩头的，涤净心间的，轻轻松松，快乐如仙！

放下是本性的提升。万缘放下，光明照耀，本性如华！少了无谓的贪欲，去了无味的争夺，没了无聊的纠葛，断了无耻的根由，尘埃涤净，本性归来，境界顿转，极乐现前，何其妙哉！

放下是进步的开端。轻装上阵，战无不胜、攻无不克；无欲无求，刚于山大于水，进步之始，成贤之本，成圣之基。

君等放下，归去来兮！

妙语人生

让一切随缘吧！不要让自己负累，放下包袱也许会拥有另一种情怀，无须这么贪婪，无须刻意把握，给自己一片静宜的天空，把情感汇入流沙放归大自然，让心语划过星空把伤感带走，放一首轻快的音乐洗涤心灵的尘埃，放下忧郁，放弃心仪却又无缘的人，放弃一段情，不爱就散了吧！何必给自己套上沉重的心灵枷锁，夕阳西下还有再升时，风雨过后总有彩虹再现。学会珍藏昨天，希冀未来。给一片自由的空间，开启另一扇心门，留无奈于天际，把悲伤放逐，让叹息随风，欣赏属于自己的亮丽风景。

编后语

世界上没有不开心的事，只有对事情放不下的人。

我们每个人都是世界的一分子，我们之于社会就如同地球之于宇宙。我们只是凡间的一粒微尘。这个世界上，不开心和悲伤永远是自己的，不会有谁能替代你来承受。所以，我们得学会放下，放下那些不必要的执着，去关心一下我们应该关心的人，应该专注的事情。

没有哪个人的一生都是一帆风顺的，坎坷之于智者，会变成通往成功路上的垫脚石；坎坷之于愚者，会变成生命中的一座无法逾越的大山。

智者和愚者的区别，就在于你如何面对这些困难和磨难。

乐观的人会笑，而且笑起来会非常灿烂，因为他们懂得了舍得；悲观的人也会笑，但笑容中更多的是苦涩和辛酸，因为他们只相信执着。

我们每天都想开心，但我们每天都不会让自己开心，因为我们舍不得！

希望读了此书的人能够从舍不得转变为舍得，也希望从此之后的人生一直都阳光灿烂，不管遇到什么困难和挫折，一切都会过去。放下，你才能重新开始！